机电安装工程 BIM 实例分析

范文利　朱亮东　王传慧　著

机械工业出版社

本书以丰富的工程实例为基础，以 BIM 技术解决机电安装工程设计、施工中的实际问题为落脚点，旨在推动 BIM 技术在机电安装施工阶段的应用，有效提升个人和企业的 BIM 技术应用能力，推动建设工程的信息化进程。

全书共 11 章，以 BIM 技术在实际机电安装工程案例的实施过程为主线，系统地介绍了 BIM 技术在机电安装施工阶段的应用和需要注意的问题。主要内容包括：BIM 技术应用的准备及流程，BIM 技术在机电安装工程项目投标中的应用，在典型机电安装工程中基于 BIM 技术的深化设计方法，基于 BIM 的预制加工与综合支吊架技术，城市交通建设的热点——地铁站机电安装工程中的 BIM 技术应用。

本书内容丰富，案例详实，既可作为机电安装工程专业技术人员和管理人员，尤其是机电安装施工各阶段的专业人员、BIM 工程师及管理人员、BIM 咨询专业人员和建造师的参考书和继续教育培训教材，也可作为高等院校建筑类相关专业实践环节教材。

图书在版编目（CIP）数据

机电安装工程 BIM 实例分析/范文利，朱亮东，王传慧著. —北京：机械工业出版社，2016.12（2024.8 重印）
ISBN 978-7-111-55526-1

Ⅰ.①机… Ⅱ.①范… ②朱… ③王… Ⅲ.①机电设备-建筑安装
Ⅳ.①TU85

中国版本图书馆 CIP 数据核字（2016）第 287361 号

机械工业出版社（北京市百万庄大街 22 号 邮政编码 100037）
策划编辑：刘 涛 责任编辑：刘 涛 林 辉 责任校对：张 征
封面设计：张 静 责任印制：张 博
北京建宏印刷有限公司印刷
2024 年 8 月第 1 版第 4 次印刷
184mm×260mm · 9.25 印张 · 220 千字
标准书号：ISBN 978-7-111-55526-1
定价：59.80 元

电话服务　　　　　　　　网络服务
客服电话：010-88361066　机　工　官　网：www.cmpbook.com
　　　　　010-88379833　机　工　官　博：weibo.com/cmp1952
　　　　　010-68326294　金　书　网：www.golden-book.com
封底无防伪标均为盗版　机工教育服务网：www.cmpedu.com

前言

BIM 技术作为建筑业的一个新生事物，从最初的争议、质疑到逐步应用，到现在已经近 30 年了。随着计算机及信息技术的迅猛发展，BIM 技术的应用基础逐步建立起来，尤其是近十余年，BIM 技术的应用范围越来越广，成果也越来越丰富，其发展已呈井喷之势。

BIM 技术在我国建筑领域的应用也已经十多年了，通过不断推广与实践，人们逐步取得了共识：BIM 作为建筑业的发展趋势，已经并将继续引领建设领域的深刻变革，其不只是一个新技术、新方法，而是建筑业的新架构、新规则。我国住房和城乡建设部 2016 年 8 月颁布的《2016—2020 年建筑业信息化发展纲要》中，明确提出在"十三五"时期"全面提高建筑业信息化水平，着力增强 BIM、大数据、智能化、移动通讯、云计算、物联网等信息技术集成应用能力，建筑业数字化、网络化、智能化取得突破性进展。"

机电安装工程作为建设领域的一个重要分支，在 BIM 技术应用中逐步走在了整个建筑行业的前列，很多施工企业逐步认识到 BIM 技术的重要性，也希望在较短的时间内了解、掌握 BIM 技术，并将其应用到工程实践中。因此，作者通过经验总结，精心选择了多个不同类型的案例，对 BIM 技术在机电安装工程中的应用思路及方法进行了探讨。

本书以项目实例为基础，以 BIM 技术解决机电安装工程设计、施工中的实际问题为落脚点，以推动 BIM 技术在施工企业的应用为目的。

本书共 11 章，主要内容包括：

第 1 章介绍了如何理解 BIM 技术的定义，常用的 BIM 软件，目前在机电安装工程中应用 BIM 技术应当注意的问题。

第 2 章论述了施工企业应用 BIM 技术的流程及管理架构的设置，以及 BIM 技术在工程投标阶段中的应用。

第 3 章以某办公楼标准层机电安装工程为例，介绍了对于具体的工程项目，在进行 BIM 模型建立之前的准备工作及模型建立、深化设计、工程量统计的基本思路。

第 4 章通过三个典型的制冷机房案例，论述了制冷机房类项目中图纸分析、管线排布、管路构件、设备布置等主要问题的处理方法。

第 5 章以某公共建筑管廊区域综合管线分析为例，介绍了当机电系统复杂、管线密度较大的情况下，如何利用 BIM 调整管线排布满足业主对管廊区域标高的要求。

第 6 章通过某消防泵房的管线综合设计过程，介绍了对机电安装工程中相对复杂而有代表意义的泵房类项目应用 BIM 技术解决常见图纸设计缺陷，设备、管路排布困难等问题。

第 7 章以某地下车库机电安装工程为例，介绍了 BIM 的建立、管线调整的方法，及常见问题的处理原则。

第 8 章通过某商务中心设备层的 BIM 建立过程，探讨了各专业系统的排布原则，局部区域如立管井、检修通道的处理方法，及客房标准间的管线排布问题。

第 9 章通过对某消防项目喷淋系统利用 BIM 技术进行预制加工的过程进行分析，论述了进行预制加工作业的工作流程、建模注意事项、模型数据导出等内容。

第 10 章以公用建筑机电安装项目中综合支吊架技术的应用，探讨了如何利用 BIM 实现综合支吊架的设计、排布、出加工图、材料统计等功能。

第 11 章通过某地铁站机电安装工程案例，论述了 BIM 技术在目前的工程热点——城市轨道交通项目中的典型应用，及针对地铁站点机电系统的特殊性，应采用的建模方法及系统排布原则。

本书的作者为山东建筑大学范文利，青岛世创工程软件有限公司朱亮东，济南职业学院王传慧。限于作者的水平，书中错误和不足之处在所难免，恳请读者批评指正，在此致以衷心的感谢。

作　者

目录

第1章

绪　论

1.1　BIM 技术简介

1. BIM 概述

BIM——建筑信息模型（Building Information Modeling），是通过创建并利用数字模型对建筑项目进行设计、建造及运营管理的过程。

1975 年，"BIM 之父"美国乔治亚理工学院的 Charles Eastman 教授在其研究的课题 "Building Description System" 中提出 "a computer-based description of a building"，以便于实现建筑工程的可视化和量化分析，提高工程建设效率。这可以被视为最早提出的 BIM 相关概念。

随着社会的发展，人们对建筑本身的功能性要求越来越高，工程建设项目的规模、形态和内部系统越来越复杂，高度复杂化的工程建设项目向传统的以二维制图为平台、以工程图为核心的设计和工程管理模式发出了挑战。

1) 对于越来越复杂的建设工程，对于分专业设计的图纸，没有高效的分析检查手段，很难发现和协调海量设计资料中的"错、漏、碰、缺"问题。

2) 如何有效的保证从施工图到实际施工过程的信息传递、共享？如何解决海量的设计资料带来的工程项目各参与方沟通交流与协调难度大、效率低下的问题？

3) 项目越来越复杂，现有的基于经验模型工程量统计方式不够精确，造价预算偏差大，项目工期和实际成本难以控制。

4) 项目建设过程中，工程变更频繁，造成后期运营和维护（运维）过程中因为设计图不能正确反映实际的材料、设备安装使用情况，导致运维效率低、管理难度大。

工程技术人员发现，建筑业传统的信息沟通基础——基于二维平台的图纸资料，已经不能满足越来越复杂的建筑过程的需要。随着计算机技术的飞速发展，信息化、数字化技术向各个行业逐步渗透，以工程数字模型为核心的全新设计和管理模式逐步走入人们的视野，这也是 BIM 技术得以提出并快速推广的基础。

自从 BIM 概念的提出到现在，一直有不同的研究机构及组织试图对 BIM 做出准确的定义，但是，由于 BIM 技术出现的时间尚短，其内涵和外延正处于不断发展中，其定义也随着相关技术的发展而不断变化。因此，目前人们对 BIM 的定义和解释有多种多样的版本，没有形成完整、统一的理解。相对来说，美国建筑科学研究院（National Institute of Building

Science）对 BIM 的定义得到了大家的普遍认可，该定义如下所述：

BIM 是对一个设施（工程项目）的物理和功能特性的数字表示形式；BIM 也是一个共享的知识资源，这个资源里包含了项目从最初的概念到被拆除的整个生命周期的信息，而这些信息对设施的建造和运营过程中的决策提供了一个可靠的基础。

2. BIM 的内涵

美国建筑科学研究院对 BIM 的定义主要从以下几个方面描述了 BIM 的主要内涵：

1）BIM 是一个设施（建设项目）的数字化表达，内容不仅包括设施的几何信息还包括其物理信息和功能信息，其本质是一个反映建设项目信息的数据库。

2）BIM 的目的是为建设项目各参与方的决策提供一个可靠的基础，各参与方共建，并共享这个知识资源。

3）这个知识资源是动态变化的，从最初的概念设计到设施拆除的整个生命周期内，其内容不断充实、修改和更新。

在理解这个定义的时候，可以从以下几个角度分析：

（1）BIM 的基础是建筑 作为建筑项目的数字化表达，BIM 中的信息是按照建筑设计、施工、运营的基本元素来定义和存放的。例如，建筑专业的门、窗、墙，结构专业的梁、板、柱，机电专业的空调、水泵、管道和配电箱（桥架）等。

（2）BIM 的灵魂是信息 BIM 的信息是和建筑元素（建筑物的构件或部件）相关联，并随着建筑本身的生命周期而变化，是以实时、动态的形式存在的。各参与方可以于项目的不同时期在 BIM 模型中插入、提取、更新和共享信息来协同作业，进行决策。

（3）BIM 的结果是模型 该模型是三维造型与相关信息数据的集成，其具有以下几个特征：

1）可视化。"所见即所得"，该模型是建立在三维设计基础上的，模型本身可视，项目设计、优化、建造等过程可视。各参与方可以在此基础上进行更好的沟通、讨论与决策。

2）协调性。解决项目中的各专业设计信息"错、漏、碰、缺"等问题，如机电与土建冲突，预留预埋缺失或尺寸不对等情况。各专业在同一模型基础上进行协调、检查、综合，减少设计冲突及工程变更。

3）模拟性。利用该模型及相关信息，可以利用不同的专业分析软件，进行抗震、能效、紧急疏散、日照、风环境和热环境等模拟分析，包括 4D（三维加项目发展时间）的模拟，5D（4D 加造价信息）的模拟，并在此基础上对设计、施工、运维等过程进行优化。

4）可出图性。项目进行中的各类图纸文档，均可以从模型中产生，如建筑设计图、施工平面图、施工剖面图、综合管线图、预留预埋图、碰撞检查报告等。因为不同的图纸均来自同一个模型，可以有效地避免设计方案不统一、信息遗漏等问题。而且一旦模型建立，出图的效率很高，可以根据需要从不同角度、不同剖面、不同系统、不同区域等快速出图。

（4）BIM 的工具是软件 BIM 作为对工程设施实体与功能特性的信息集成与处理，主要工具是各种软件。BIM 技术覆盖了从工程设施的概念设计到拆除的整个生命周期，这个过程分为不同阶段，如可行性研究、概念设计、投资模型分析、建筑设计、机电系统设计、功能分析、招投标、土建施工、机电安装施工、装饰装修、运维管理等，不同阶段的目的和功能要求区别很大，所以对于 BIM 技术来说，其功能不是一个软件能涵盖的，甚至不是一类软件能完成的。

3. 常用 BIM 软件

目前，比较常用的 BIM 软件有以下几类：

（1）方案设计软件 目前主要的 BIM 方案软件有 Onuma Planning System 和 Affinity 等。其主要功能是把业主的设计要求转化成基于几何形体的建筑方案，用于业主和设计师之间的沟通和方案论证。

（2）BIM 核心建模软件 其主要功能是建筑项目中各主要系统的模型构建，通常分为建筑、结构、机电三个部分。这些软件是 BIM 技术的基础，也是进行 BIM 工作最常应用的软件。目前，在国际市场上，有一定影响力和市场份额的 BIM 核心建模软件有十几种，代表性的有以下几种：

1）Autodesk 公司的 Revit 软件。包括建筑、结构和机电系列，在民用建筑市场中，因为其 AutoCAD 软件具有较高的占有率，考虑到操作习惯和数据资料的继承性问题，使其具有相当不错的市场表现，在国内民用建筑市场中占据领先地位。

2）Bentley 公司的建筑、结构和设备系列软件。相对而言，Bentley 产品在工厂设计（石油、化工、电力、医药等）和基础设施（道路、桥梁、市政、水利等）领域有较大的优势。

3）Graphisoft 公司的 ArchiCAD 系列软件。该软件在建筑专业上的设计能力强大，也是最早的一个具有市场影响力的 BIM 核心建模软件。但是其专注于建筑专业，在国内与设计院全专业的体制不太适应，市场拓展受到一定的局限。

4）Dassault 公司的 CATIA 是目前最高端的机械设计制造软件，在航空、航天、汽车等领域具有接近垄断的市场地位，Digital Project 是 Gehry Technology 公司在 CATIA 基础上开发的一个面向工程建设行业的二次开发软件，无论是对复杂形体还是超大规模建筑其建模能力、表现能力和信息管理能力都比其他建筑类软件有较大优势。

（3）专业分析软件 其主要功能为使用 BIM 模型的信息对项目进行不同专业角度的分析。通常有抗震、紧急疏散、日照、风环境、热工、景观、噪声等，主要有 IES、ETABS、GreenBuildingStudio、STAAD、Robot 等国外软件以及 PKPM 等国内软件。

（4）模型综合软件 主要功能是将在不同软件中建立的不同系统的模型整合到一起，进行碰撞检测，综合优化。常见的有 Autodesk Navisworks、Bentley Projectwise Navigator、Solibri Model Checker 和国内的鲁班软件等。

（5）造价管理与概预算软件 其主要功能是利用 BIM 模型提供的信息进行概预算、工程量统计和造价分析。国外的此类软件有 Innovaya 和 Solibri 等，鲁班、广联达软件是国内 BIM 概预算与造价管理类软件的代表。

当然，还有其他很多类型的 BIM 软件，如结构分析、可视化、运营服务等，这里就不再一一介绍了。

很多资料中将机电安装工程行业应用的 BIM 软件称为 MEP 软件（Mechanical Electrical & Plumbing），即机械、电气、管道三个专业的英文缩写，也就是工程行业常说的水电风专业。目前在国内市场上常见的 MEP 软件有以下几种：

1）Autodesk 公司的 Revit MEP。

2）Bentley 公司的 Building Electrical Systems。

3）Graphisoft 公司的 MEP Modeler。

4）国产软件如鸿业 MEP，天正、浩辰等公司开发的相关软件。

5）MagiCAD，起源于芬兰，目前属于广联达公司旗下的 MEP 软件。

在住房和城乡建设部颁布的《2016-2020 年建筑业信息化发展纲要》中，进一步指出在"十三五"时期，"全面提高建筑业信息化水平，着力增强 BIM、大数据、智能化、移动通讯、云计算、物联网等信息技术集成应用能力，建筑业数字化、网络化、智能化取得突破性进展。""在工程项目设计中，普及应用 BIM 进行设计方案的性能和功能模拟分析、优化、绘图、审查，以及成果交付和可视化沟通，提高设计质量。""推广基于 BIM 的协同设计，开展多专业间的数据共享和协同，优化设计流程，提高设计质量和效率。研究开发基于 BIM 的集成设计系统及协同工作系统，实现建筑、结构、水暖电等专业的信息集成与共享。""研究制定工程总承包项目基于 BIM 的多参与方成果交付标准，实现从设计、施工到运行维护阶段的数字化交付和全生命期信息共享。""建立设计成果数字化交付、审查及存档系统，推进基于二维图的、探索基于 BIM 的数字化成果交付、审查和存档管理。开展白图代蓝图和数字化审图试点、示范工作。完善工程竣工备案管理信息系统，探索基于 BIM 的工程竣工备案模式。"

该纲要在建筑业勘察、设计、施工、交付、运维、审查、存档等方面对 BIM 技术的应用都提出了具体的建议及要求，可以预测在未来几年，国内 BIM 技术的应用将进入快车道。

1.2 机电安装工程的特点

机电安装工程包括一般工业和公共、民用建设项目的设备、线路、管道的安装，35kV 及以下变配电站工程，非标准钢构件的制作、安装。工程内容包括锅炉、通风空调、管道、制冷、电气、仪表、电机、压缩机机组和广播电影、电视播控等设备。

机电安装工程作为建筑工程的一个重要分支，具有以下几个特点：

（1）覆盖的范围宽 随着社会的发展，工业化程度的加深，机电安装工程的重要性越来越高，已经涉及社会生产生活的各个方面，通常分为设备安装、电气工程、管道工程、自动化仪表工程、防腐工程、绝热工程、工业炉窑砌筑 7 个分部，涉及一般工业、民用、公用建设工程的机电安装工程、净化工程、动力站安装工程、起重设备安装工程、轻纺工业建设工程、工业窑炉安装工程、电子工程、环保工程、体育场馆工程、机械与汽车制造工程、森林工业建设工程及其他相关专业机电安装工程 12 个类别。

（2）涉及的专业多 即使不考虑如石化、电力、通信等行业的机电安装工程的特殊性，仅仅分析一般民用、公用建设项目中的机电安装工程设计、施工过程，都会发现随着人们对建筑物的功能性要求越来越高，电气、暖通、空调、给水排水、安防、通信、建筑智能化等专业集成于机电安装工程范畴，各专业之间的沟通与协作对工程设计、施工和后期的运维有极大的影响。

（3）劳动力与技术密集 不论涉及多少专业系统，机电安装工程的目的都是将这些系统科学合理的集成在同一座建筑物中，并保证它们能够可靠、有效的运行。因为受到施工空间的限制，安装过程通常无法使用大型施工设备，难以实现自动化生产，施工过程存在大量的体力劳动。近几年，随着人工成本的快速增加，减员增效成为各施工企业非常关心的问题。各专业系统又有不同的施工、检测、验收标准，存在较强的技术壁垒，设计、施工过程中需要配备不同的专业技术人员，相关人员的技术水平与工程经验对最终效果影响很大。

（4）施工局限多，工程变更多 机电安装工程不像土建工程那样专业单一，施工空间宽裕，而是专业繁杂，各专业系统共用同一个建筑空间，各专业之间，专业与土建之间相互关联，相互影响。设计院提供的设计资料很难做到完善和详尽，很多情况下需要施工企业根据现场情况协调处理。"错、漏、碰、缺"等问题难以避免，设计、施工方案多易其稿，工程变更、返工等现象频繁。

（5）施工管理及协调难度大 以上特点决定了在机电安装工程设计与施工过程中，各专业之间、项目相关方如业主、设计方、施工方之间的沟通与协调对工程的顺利进行有重要影响。很多工程延误工期、成本超支，最终效果不尽如人意的主要原因不是施工企业技术能力差，物资、人员投入不足，而是管理不力，各相关方沟通协调效率低所导致。

综上所述，机电安装工程的特征是"空间上分道""时间上有序"，属于典型的并行工程。

1.3 现阶段机电安装行业面临的主要问题

随着我国经济发展，大规模基础设施建设与城市化进程的不断加快，建筑物的功能性要求也越来越高。建筑工程施工技术从传统的粗放型逐步向严谨、精密型过渡，而实现其功能性的主要部分——机电系统安装施工，更是面临严峻的挑战。

1）电气、暖通、空调、给排水、安防、通信等专业集成度，复杂性越来越高，在设计和施工阶段各专业之间的协调与配合越来越重要，也越来越困难。目前，机电系统的设计方式还是各专业基于二维平台进行本专业系统的设计，然后集成在一起，在二维平台上进行综合排布，深化设计。随着建筑空间中的设备、管线密度的增加，这种方式很难解决各专业"错、漏、碰、缺"等问题，设计图的精细度达不到指导现场施工的要求，很多情况下，需要施工企业根据现场情况灵活处理，工程变更、返工现象频繁，工程质量受施工企业的经验影响很大。

2）同专业内设备品种、品牌、型号越来越复杂，面临种类繁多，更新频繁的各种设备，设计施工资料难以做到准确完备。建筑机电产品市场非常庞大，受地方保护主义的影响，我国建筑机电产品市场很不规范，市场中充斥着各种不同型号、不同类型和不同规格的机电设备，一些机电设备的运行参数、型号和规格比较混乱，施工标准和安装要求也缺乏一致性。并且各生产企业出于市场竞争和报价策略的要求，产品型号更新频繁，给机电系统的设计和安装带来很大困扰。

3）如何实时地与土建、装修专业进行配合，合理地利用安装空间，一直是困扰行业的一个难点。在施工顺序上，机电安装工程在土建工程之后，装饰装修工程之前。但是，建筑物作为一个整体，最终效果取决于各参与方的配合。土建的预留预埋是机电设备安装的基础，机电系统的管线综合及设备排布对后期的装饰装修又有很大的影响。如何在有限的工期内，各方进行及时有效的沟通与配合，这是影响最终工程质量的关键问题之一。

4）在制订施工方案，优化安装工艺，工程量统计方面缺乏有效的手段，过于依赖经验，施工效率难以提高。传统施工方式，施工企业技术及管理人员在理解设计院提供的图纸资料基础上，制订施工方案，面对大量的图纸资料，希望参与工程的每位技术人员都能准确深入地理解设计方案，是不现实的。至于设计院图纸中的问题，往往要等到施工过程中才能发现，此时再变更设计、追加投资，会延误工期。对于一些复杂节点，通常是在施工现场根据现实情况，制订安装工艺，是否可行？是否最优？无法预演。传统的预算量，是基于算量模型进行统计，只是在工程基础参数的基础上根据经验估算的量，无法反映施工现场的真实情况，很难用于施工中的物料管理。而最终的实际工程量只能在工程结束后才能精确统计出来，无法用于工程方案优化决策。

5）技术人员与现场施工管理人员的技术交底越来越困难。对于一些复杂节点，设计人员利用专业软件和手段给出了设计方案，但有的节点对施工工艺要求非常严格，稍有违反，就会影响施工效果。如何让现场的施工及管理人员深入了解设计意图，把握施工中的关键问题？基于二维图的设计资料及文字说明往往让人觉得力不从心。

综上所述，随着机电安装工程的复杂性、精密性逐步提高，各专业、参与方基于二维图的沟通与协调方式越来越不能满足工程需要。"工欲善其事，必先利其器"，BIM 技术作为一个新的平台，从技术到管理对建筑业的传统模式进行着逐步变革。机电安装工程由于其本身的特点，在这场建筑业的变革中走在了前列。

1.4 BIM 技术在机电安装工程应用中的两个方面

在国内机电安装工程领域，BIM 技术的应用已经成为了热点，很多专家、咨询公司和软件企业也在不遗余力地进行宣传和推广。一些相关书籍和论文把 BIM 技术在机电安装工程中的应用点进行深入挖掘，总结归纳出的应用点多达数十处，也有专家和学者致力于推广 BIM 技术在建筑领域全过程、全方位的应用。但是，从目前的实际情况来看，BIM 技术在机电安装工程领域的大多数应用集中在投标和施工两方面。

1.4.1 投标

目前，很多项目甲方在招标阶段就明确提出该项目应用 BIM 技术的要求，虽然侧重点不尽相同，但是总结下来无非是以下几个方面：展示投标方 BIM 建模能力，方案深化设计能力，工程量统计及成本控制能力，利用 BIM 进行项目进度管理的能力，安装工序的模拟等。

在投标应用阶段，因为投标时间的限制，BIM 模型很难做到详尽和完善。通常情况下，可以针对投标要求，利用有限的时间把项目的核心点展示出来就可以了。例如，项目重点区域（如泵房、管廊等部分的管线排布），关键节点的工序的模拟，不同方案的对比分析等。同时可以利用一些 BIM 软件的 5D 平台把部分区域的 5D 应用展示出来。

在投标中，通常在技术标的分项，BIM 技术的应用分值占相当大的比例，一般为 5~10分。BIM 在投标应用时的难点是时间紧、任务重。投标方应将重点放在 BIM 模型效果的展示上，如果对投标方案有视频动画要求的，可以考虑将 BIM 模型导入 3DMAX 等艺术设计类软件进行后期处理。本书第 2 章详细讨论了 BIM 技术在投标过程中的应用流程。

1.4.2 施工

从相关案例来看，BIM 技术在机电安装工程施工过程中的应用应重点关注以下几个问题：

1. BIM 模型建立的依据

施工企业在建立机电 BIM 模型时信息的获取方式有三个：

首先是设计院提供的 BIM 模型。设计院在设计后期阶段或者设计结束后，利用自己的 BIM 人员，已经设计了 BIM 模型，但是目前设计院做的机电专业 BIM 模型，绝大多数很难直接用来指导施工，其作用更多的是为了设计方案的校核。设计院建立的 BIM 模型如果要用来指导施工，需要对模型进行深入调整，这个过程是比较繁琐的，甚至还不如施工企业自己重新建模。

第二个是算量模型。目前很多软件企业都在开发基于机电专业算量模型的深化功能，希望能把算量模型直接导入 BIM 软件中进行转化生成 BIM 模型，但是尚未推出成熟的软件。因为算量模型只是利用模型来统计投标量的，相对来说信息含量太少，算量软件本身就有一定的局限性，所以这个思路目前还不是很成熟。

第三个是设计院提供的二维设计图和设计说明。目前绝大多数设计院机电系统出图依旧是二维图。所以大部分施工企业建立 BIM 模型都是以设计院的二维图资料为依据。机电专业直接进行三维设计出图还不是很成熟。

2. BIM 的建模时机

利用设计院的二维图进行建模，首先要考虑的是建模开始的时间，最好的时间点是项目中标后就开始准备，很多项目在这个时期图纸资料还不完备，但是最晚不要晚于土建的动工时间，否则一些预留预埋的问题就很难处理。其次是不同时期建模深度的把握，这是很关键的，机电系统的 BIM 模型很少有一次到位的，是靠初步模型建立后，多次调整修改逐步完成的，模型的可调整性很重要。第三是建模软件的选择，BIM 技术不是指的某个软件，或某类软件。具体选择什么软件，要根据项目实际情况、施工企业的现有资料及设计人员的习惯。

3. BIM 模型的初步应用

建立 BIM 模型后，可以在其基础上完成深化设计，进行管线综合、碰撞检测和系统优化，出指导施工的平面图和剖面图，与土建方进行配合，出预留预埋图；也可以阶段性地进行材料统计，进行物料管理。这些问题将在本书后面章节中陆续介绍。

4. BIM 的深入应用

目前 BIM 在机电安装工程中的深入应用主要有三个点：

1）可以利用模型进行预制加工，如管道的工厂化预制和综合支吊架的加工应用。对于企业来说，这个功能可以从部分系统逐步扩展到整体系统，从特定项目的应用循序渐进到多数项目。关于这个问题，本书的第 9 章、第 10 章有较详细的介绍。

2）系统校核。这个功能目前成功应用的案例不多，但是实际上是很有价值的，特别是目前设计院在设计时往往是设备选型偏大，如果能够利用 BIM 模型对系统重新校核，可以优化设计方案，让设备选型更合理，符合绿色节能要求。

3）与项目管理平台结合，进行局部或者全进程的进度模拟和成本控制应用。目前来看，这个功能的落地应用还需要一段时间。因为它更多涉及的是管理方面的问题，是多部门协作才能完成的。

从上面的介绍可以看出，无论哪个方面的应用，建立合格的 BIM 模型都是基础，所以本书针对不同类型的项目，将如何建立 BIM 模型、如何调整优化、如何细化模型以达到 BIM 技术应用的基本要求为重点进行介绍。

第 2 章

BIM技术在机电安装行业中的应用分析

对于 BIM 技术，业内的工程技术人员普遍认为，它是信息技术与互联网思维在建筑业的体现，是对建筑业传统的生产模式和管理模式的一场革命。在技术层面，其影响力不亚于从手工绘图到计算机绘图的转变。作为一个新生事物，BIM 技术在我国建筑市场的应用已经十多年了，随着 BIM 相关软件的功能快速增强，通过政府及行业协会的不断推广，其应用逐渐深入，尤其是近几年，更呈现出不断加速的趋势。在建筑行业的各个领域，BIM 已然成为热点话题。但是，目前国内机电安装行业 BIM 技术应用的具体情况如何？相关企业怎样寻找合适的切入点？如何根据企业自身的特点建立自己的 BIM 团队？本章根据作者的工作经验及体会，对这些问题做初步的探讨。

2.1 机电安装行业 BIM 应用现状分析

随着 BIM 技术的应用逐步推广，通过对许多案例进行分析总结，作者认为比较理想的 BIM 应用流程是：①设计方以建筑信息模型入手，通过建立和完善模型的方式完成设计，并且直接从模型中得到施工方所需的施工图及资料；②施工方利用模型及施工图指导施工，并对模型添加具体的设备信息，根据施工过程将模型进一步细化；③工程完工时将形成的竣工模型和建筑实体一并交付给业主，业主利用该模型进行运维管理。但是，目前在国内大部分机电安装工程项目中，设计院还是以二维设计为主，施工企业利用二维设计图再进行建模，通过建立的 BIM 模型进行管线综合、碰撞检测，在实际施工前发现设计中的问题，进行方案调整，利用优化后的模型出施工图，指导施工。

虽然很多设计院已经开始尝试土建部分直接从三维设计入手，特别是在民用建筑领域，利用土建模型直接出图，提高了设计效率。但是在机电系统设计领域，目前设计方直接进行三维设计的还很少，有很多大的设计院也在做这方面的尝试，但真正应用的案例不是很多。

三维建模在机电系统设计方面没有被大规模的推广，是因为机电专业有自己的特点，与建筑专业不同，虽然建筑专业体量较大，但内容相对简单，涉及面窄，方案得到甲方认可就可以实施。机电专业包含内容庞杂，电气、暖通、空调、给排水、安防、通信等专业集成度高，各专业相互影响，管线综合的过程需多方协调，方案调整、变更频繁。目前设计院进行机电系统设计时也做管线综合，但还是在二维图的基础上进行，即使有的设计院开始进行基于 BIM 技术三维模型的管线综合，但受设计时间的限制，其方案也难以真正用于指导施工。并且设计院付出的工作量会成倍增加。所以在机电系统设计方面，虽然有的设计院开始进行基于 BIM 技术的设计方式试点，但是通常局限在个别专业，或者是以 BIM 中心的形式对初始设计做后期处理。

在机电安装领域，BIM 技术在甲方、设计单位、施工单位和设备材料供应商这些环节的应用中，现阶段应用最深入的是施工企业。原因是设计院提供的机电系统设计图通常精细程度不足，很多问题在施工过程中才能发现，因为"错、漏、碰、缺"等问题造成返工和材料浪费的情况非常多，施工成本增加，工期难以保证。所以施工企业急需一种有效的方法来解决这个问题，实践证明 BIM 技术对解决这个问题非常有效，尤其是对于复杂项目或特殊区域效果突出，所以施工企业应用 BIM 技术的积极性很高。

从机电安装领域实施比较成功的案例来看，BIM 技术对甲方更有益处，利用 BIM 不仅可以优化设计方案，节省成本，同时能够更有效地保证工期。目前，国内大型企业，如万达集团、华润集团等，都有自己的 BIM 团队，要求每个建设项目都要进行 BIM 应用。万科集团在利用 BIM 技术进行住宅产业化方面走在了国内前列，目前，很多项目在投标阶段开始要求参与投标的总包企业应用 BIM 技术。随着 BIM 软件的功能日趋完善，应用环境逐渐成熟，BIM 技术的应用前景会越来越好。

目前 BIM 技术在机电安装行业的应用可以归纳为图 2-1 所示的几点。

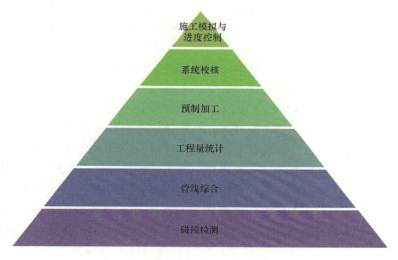

图 2-1　BIM 技术在机电安装行业的应用

其中，碰撞检测、管线综合与系统校核是模型建立过程中的应用，工程量统计、预制加工和施工模拟与进度控制是模型建立完成后的应用。

（1）碰撞检测　在常用的 BIM 软件中，碰撞检测是必备的功能，设计人员可以设定不同的碰撞规则。在机电系统建模过程中，机电各专业系统与土建模型之间，机电系统汇总后各专业之间分别进行碰撞检测，生成碰撞检测报告，为设计人员进行模型调整提供支持，这是 BIM 模型最基础的应用。

（2）管线综合　管线综合应用的效果和设计人员的经验有很大关系。BIM 软件好学，但项目经验积累需要较长的时间，管线综合不仅要考虑本专业的排布问题，还要考虑各专业之间的相互影响，施工工艺的可行性，以及与前期的土建和后期的装修配合，这样多方面相互协调才能得出合理、可行的管线综合方案。

机电安装工程 BIM 实例分析

（3）工程量统计 工程量统计就是把 BIM 中的工程量提取出来，如果按照竣工模型统计设备、管线、阀门等部件的数量是非常准确的，因为竣工模型中的信息是实际工程结果的反映。但是要注意预算量、BIM 提取量与实际用量的区别。预算量是利用预算软件根据初期设计方案统计出来的工程量，只是初步的估值，通常是用来投标的，和实际用量是有差别的。受算量模型精确度的影响，概预算软件在进行预算量计算前，先要根据工程基础数据建立一个算量模型，在算量模型的基础上进行计算，但这个模型信息相对较少，并不能反映实际施工情况。例如，管线的具体走向等信息。所以，预算量必然与实际用量存在差距。而 BIM 提取量是基于经过深化设计后的 BIM 模型计算得出的，该模型的功能就是为了指导施工，现场施工的效果理论上就是要达到 BIM 模型的效果，所以 BIM 提取量是最接近现场实际用量的，只是有的 BIM 软件在统计工程量时和算量软件的算法有所不同，应用的时候要予以注意。

很多工程师会问一个问题，就是直接利用算量模型深化得到 BIM 模型可以吗？答案是否定的。因为算量模型的信息含量和 BIM 模型差距很大，受算量软件的功能限制，算量模型包含的信息非常有限，在此基础上即使深化也很难达到 BIM 模型所需要的效果。而对于 BIM 技术来说，工程量统计只是其模型应用的一个环节而已。所以目前有的软件厂家已经推出将 BIM 导入算量软件，利用算量软件的算法相对准确的优点，在算量软件中计算工程量，这是一个很好的思路，但是用户在应用的时候要考虑 BIM 模型进入算量软件后的识别度问题。

（4）预制加工 预制加工就是利用 BIM 模型得到管线等元件的生产加工图，工厂化预制，然后进行现场组装，减少或避免现场加工环节，不仅生产效率高、安装简便、有利于提高安装质量，同时也符合绿色施工的要求，是今后机电安装工程发展的必然趋势。本书第 9 章针对预制加工在机电安装工程中的应用有详细的介绍。

（5）系统校核 系统校核功能对 BIM 模型中构件所关联的物理及功能信息精确度要求很高，系统内零部件的相关信息要准确可靠，否则校核结果就失去了参考价值。施工企业应用系统校核功能的目的之一是针对设计院初始设计资料中的设备选型进行校核，因为设计院在进行初始设计时，设备选型通常是依据经验和通用公式进行计算，此时机电各系统的管线具体走向尚未确定，计算误差难以避免。而施工企业基于管线综合、碰撞检测后的模型进行系统校核，其真实度很高，计算结果相对精确可信。当然，理想状态是 BIM 技术的应用从设计开始，设计院利用 BIM 技术进行设计时必然需要计算，方案确定后，校核是必需的，那么设备选型的精确度就会有本质的提高。系统校核对机电系统后期的调试运营也很有价值，利用风管、水力等校核计算的结果，可以得到最不利环路、系统薄弱点、阀门的开度等信息，这样有利于后期的调试、维护。目前系统校核功能应用还不是很普遍，这与该功能对模型精细度要求较高有关，也受当前 BIM 软件的功能限制。但是从成功的案例来看，应用效果是非常好的。

（6）施工模拟与进度控制 施工模拟与进度控制是利用 BIM 模型按照施工顺序将施工过程动态展示出来。目前在大部分项目中，这个功能的实际应用效果不是很好。很多项目还停留在做成三维动画，用于投标和项目成果汇报，用来演示。施工模拟和进度控制功能的真正落地必须和项目实际施工过程相结合，与现场管理相结合，虽然广联达的 5D 平台能够把时间和成本融入 BIM 模型，但如果只是按照计划进度所做的施工模拟，不与实际施工过程相结合，得到的只是一个理想过程，无法达到用于实际施工进度控制的要求。但是施工模拟在某些复杂节点上对于优化安装工序是很有价值的，针对某些复杂区域，可以利用模型动态

· 10 ·

显示安装过程，反复验证安装方案的可行性，并进行三维动态技术交底，让现场施工的管理人员和工人对施工方案有更直观的感受。

对于这六个层次的应用，其难度是由下而上逐级提高的，上层功能的实现是以下层功能的充分应用为基础，并且是随着 BIM 模型精细化程度的提高而逐渐深入的，所以在机电安装行业应用 BIM 技术，基础模型的建立与深化是重中之重，本书通过对不同类型机电安装项目的建模、深化设计过程进行分析，对此问题做进一步的探讨。

2.2　机电安装企业 BIM 应用过程分析

目前，很多机电安装企业都在探讨如何能在项目上更好地应用 BIM 技术，让 BIM 技术能够尽快地落地执行，如何建立一支高效的 BIM 团队。但是如果一开始就贪大求全，反而很难达到预期的效果，因为 BIM 技术不仅仅是一个设计手段，而是一种新的思维方式，新的管理体系，绝不限于技术范畴，对于企业来说必须有一个循序渐进的过程。从目前的经验来看，机电安装企业从零开始应用 BIM 技术，可以分为四个阶段。

2.2.1　基于 BIM 技术设计技能的普及

在机电安装行业，技术人员对于基于二维图的深化设计方式存在的局限性已经深有体会，利用 BIM 技术的三维特性可以从根本上解决这个问题。因此，面临的第一个问题就是如何快速地使 BIM 技术在企业普及？效益是企业生存的根本，如何让企业投入的资金尽快得到收益？作者认为应从项目入手，尤其是中小企业，选择一到两个适宜的项目，在选择合适的 BIM 软件基础上，把模型建立起来，哪怕仅仅是几个专业系统，能够应用到碰撞检测、管线综合、出图指导施工的程度就可以了。随着经验的积累，再进行深入的应用。因此 BIM 应用的初期，关键是建立一个能落地的模型。

初次接触 BIM 技术的企业通常采用的方式是首先选派人员进行软件基础操作培训和实际项目应用培训，基础操作的学习相对比较简单，网上学习资源非常丰富，所需要的时间也不多。最重要的是项目应用培训，如何把所学的软件应用到实际项目中需要一定的经验积累，通过一到两个实际项目的学习和积累，之后可以在企业内部总结应用经验并加以推广，随着人员和经验的积累，BIM 技术的应用很快就会深入和广泛。目前，机电安装企业很多都采用这种模式，从实际情况来看，效果非常好。当然，对于初期人员和软件的投入，需要根据企业实际情况来确定。

2.2.2　企业级机电产品库的建立

当经过数个实际项目的应用之后，也有了一定的经验积累，企业可以适时选择几位工程师，进行第二步的工作——建立自己企业级的机电产品库。因为在做实际项目的时候，通常针对不同类型的工程建立不同的项目管理文件，并且不同的企业都有自己熟悉的供应商，通过项目的积累，建立供应商名录，利用厂家提供的产品参数生成标准的 BIM 产品文件，并且通过把产品编码，生成企业内部代码的方式，附加产品说明、价格及订货周期等信息，结合企业自己的 ERP 管理系统逐步形成自己企业级的产品库，在今后的工程应用中，逐步充实和完善该产品库，这样建模效率会越来越高。

2.2.3　企业级 BIM 标准的制定

随着企业内部 BIM 技术应用的逐渐深入，在各专业协作过程中就会发现各种问题，相关人员对 BIM 技术也有了深入的理解，BIM 会自然而然地从技术范畴向管理领域渗透，通过成立企业级的 BIM 小组，逐步建立企业级的 BIM 应用标准，解决各部门各阶段分工协作的问题。该标准通常包含模型等级标准、深化设计标准、协同配合标准、BIM 交付标准等。在本书相关章节中进行项目案例分析时，虽然没有明确描述标准的应用，但都是按照项目在不同阶段所进行的不同工作侧重点来论述的。企业内部标准制定后，对于提高模型建立、深化设计和协调配合的效率有很大帮助。表 2-1 所示为某企业级 BIM 非几何信息深度等级表。

表 2-1　某企业级 BIM 非几何信息深度等级表

序号	信 息 描 述	深度等级				
		100	200	300	400	500
1	系统选用方式及相关参数	●	●	●	●	●
2	机房的隔声、防水、防火要求	●	●	●	●	●
3	主要设备功率、性能数据、规格信息		●	●	●	●
4	主要系统信息和数据（说明建筑相关能源供给方式，如市政水条件、冷热源条件）		●	●	●	●
5	所有设备性能参数数据		●	●	●	●
6	所有系统信息和数据		●	●	●	●
7	管道管材、保温材质信息		●	●	●	●
8	暖通负荷的基础数据		●	●	●	●
9	电气负荷的基础数据		●	●	●	●
10	水力计算、照明分析的基础数据和系统逻辑信息		●	●	●	●
11	主要设备统计信息		●	●	●	●
12	设备及管道安装工法			●	●	●
13	管道连接方式及材质			●	●	●
14	系统详细配置信息			●	●	●
15	推荐材质档次，可以选择材质的范围，参考价格			●	●	●
16	设备、材料、工程量统计信息：工程采购				●	●
17	施工组织过程与程序信息与模拟				●	●
18	采购设备详细信息					●
19	最后安装完成管线信息					●
20	设备管理信息					●
21	运维分析所需的数据、系统逻辑信息					●

2.2.4　企业级应用平台的建设

随着 BIM 技术向企业的各个部门渗透，企业会逐步整合相关资源，建设一个 BIM 应用平台，这个平台包含软件、硬件、数据库和相关规则。其中软件选择要能满足不同阶段，不同专业的建模要求。数据库通常包含产品库和规格库，规则就是相关的标准和工作流程。企业内相关部门围绕这个平台进行协同工作，这样会大大提高协作沟通的效率，真正实现基于 BIM 技术的信息共享。应当注意的是，对企业来说平台的建设需要一个循序渐进的过程，现在 BIM 技术成了行业内的热点，从国家到地方政府对 BIM 技术的推广应用也大力支持，很多企业急于求成，在没有相关经验的基础上一开始就进行平台建设，软件、硬件、管理模式等生搬硬套，管理人员、设计人员从思想上还没有转变，以至运行起来困难重重，甚至出现把重金投入的软硬件设施束之高阁的情况。所以只有通过每个阶段的经验积累，在基于企业本身特点的基础上逐步推进，平台的建设才能水到渠成。

2.3　管理架构及 BIM 团队的建设

企业在 BIM 技术应用流程理顺之后，针对具体项目，需要进行 BIM 人员配置架构的建设，目前面向项目的企业 BIM 管理架构有以下几种。

第一种是以企业的 BIM 技术中心为核心，BIM 技术中心服务于项目的模式，如图 2-2 所示。

该模式的特点是企业 BIM 技术中心服务于项目，是以 BIM 技术中心为主，项目为辅的模式。优势是 BIM 技术中心专门负责企业所有相关项目的运行，BIM 技术掌握比较全面，技术进步及经验积累速度快，有利于推进企业级机电产品库的建立与 BIM 标准的制定，为企业建立应用平台打下基础。但是如果同时进行的项目较多，BIM 技术中心的工程师分工复杂，劳动强度大，对工程进行中的问题反馈速度慢，灵活性较差。

第二种是项目应用小组的模式，如图 2-3 所示，这种模式的特点是企业根据当前的项目情况，有针对性地成立一对一的项目小组，各小组独立进行项目运行。该模式的优点是有利于培养项目人员，能够更好地进行项目服务，也有利于 BIM 技术的真正落地。但是在企业层面上要深入应用 BIM，缺少统一的部门整理和积累项目经验，不利于进行企业数据库与标准的建设。

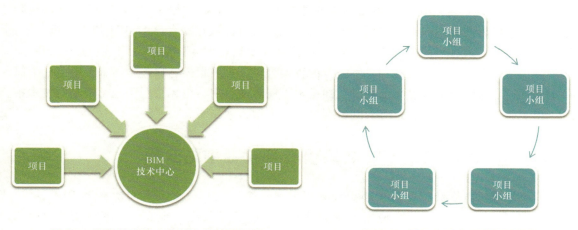

图 2-2　BIM 技术中心为核心的管理架构　　　　图 2-3　项目应用小组的管理架构

结合上述两种情况各自的优缺点，推荐采用企业 BIM 规划中心加项目一线团队的架构，其模式如图 2-4 所示。企业成立 BIM 中心或者组织规划部门，负责 BIM 技术的研究、经验积累及企业标准的建设，负责企业的 BIM 技术日常培训工作。项目一线团队针对具体的项目成立，并根据不同项目的类型和特点进行资源整合，从而保证项目的顺利实施及 BIM 技术在项目中的深入应用。

对于企业规模比较大，分公司比较多的情况，可以采用总部中心加项目应用组的架构模式，如图 2-5 所示。

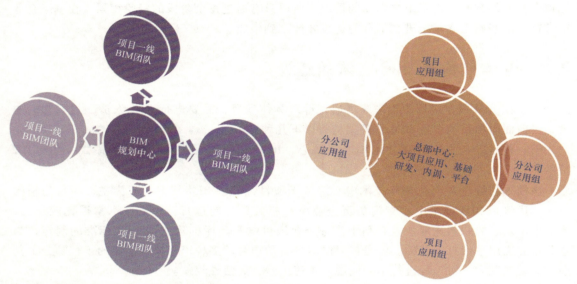

图 2-4　项目团队模式的管理架构　　　　　　图 2-5　项目应用组模式的管理架构

综上所述，在施工一线，BIM 技术的应用应该以项目为中心，以服务项目、积累经验、深化应用为目的。而在企业层面，要以 BIM 技术平台建设为中心，以建立企业级产品库、相关标准及优化工作流程为目的，推动 BIM 从技术到管理的转化，改变企业运营模式，提高企业竞争力。

目前，各 BIM 软件开发公司在销售软件的同时，通常提供相关操作和项目应用培训，企业完全可以以此为切入点，利用一到两个合适的项目，从建立自己的 BIM 技术小组开始，逐步积累经验，通过不同类型的项目对 BIM 技术逐步进行深入的应用。当然，提供 BIM 应用项目外包服务的公司也有很多，不过有的咨询公司，只是根据客户基本需求，建立一个简单的模型，生成看上去很漂亮的动画，却根本不能落地应用，也无法用于施工现场的技术指导。施工企业花了不少钱，最终只是得到了一个模型，意义不大。

2.4　BIM 技术在机电安装工程项目投标中的应用

对于从事机电安装工程的中小企业来说，常常是在项目投标环节初次接触 BIM 技术。甲方在招标文件中提出了项目应用 BIM 技术的要求。为了投标，企业不得不开始学习应用 BIM 技术，这种情况下，时间往往比较紧张，如果没有一个简单明了的思路，就会陷入病急乱投医的境地。

下面就利用某冷冻机房项目招标资料准备过程对 BIM 技术在机电安装工程招标中的应用过程做简单的介绍。

2.4.1　该项目 BIM 技术投标设计流程

在确定应用 BIM 技术之前，施工企业已经得到了设计院提供的该项目二维图，或者是施工企业有类似项目的资料积累，需要在二维设计图的基础上构建 BIM 模型，经过考察，施工企业选择应用 MagiCAD 软件进行建模，并在软件培训人员的帮助下制订了投标设计流程，如图 2-6 所示。

2.4.2　各阶段的工作重点

下面分阶段介绍主要工作内容及需要注意的问题。

1. 项目管理文件夹的建立

MagiCAD 软件针对机电安装工程中的不同专业系统，是通过不同的功能模块进行建模的，因此，建立用于存储项目相关文件的项目文件夹时，根据风、水、电气等不同系统分别建立子文件夹，分别用来存储按照不同专业分拆处理后的设计院图纸，作为建模的依据，如图 2-7 所示。将各专业系统建立的模型综合后，放入综合文件夹。

图 2-6　某冷冻机房 BIM 投标设计流程

图 2-7　某冷冻机房项目管理文件夹

2. 设计院图纸拆分

设计院提供的二维图往往把各专业系统集中在一张图中，通过图层设置区分各专业系统，此时需要把设计院提供的平面图按照原点对齐的原则，依据不同专业分别从总图中拆分出来，作为各专业系统建模的参照。本项目空调风系统、空调水系统分别从总图中拆分出来后，效果如图 2-8 所示。

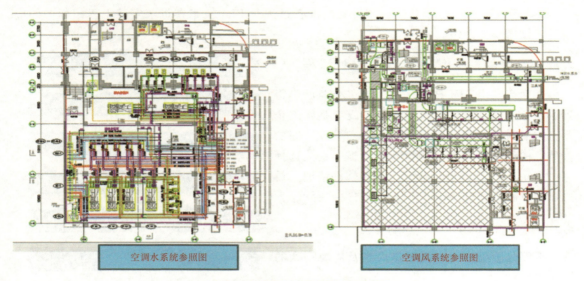

空调水系统参照图　　　　　空调风系统参照图

图 2-8　某冷冻机房空调系统平面图

3. 专业系统模型建立

针对机电系统设计的 MEP 软件通常根据不同专业分为不同功能模块，分别实现机电系统各专业的模型建立及设备的布置。MagiCAD 软件的功能模块是按照系统处理的介质不同来划分的，常用的有风系统、水系统、电系统、支吊架和建筑建模功能模块。

在本案例中，将拆分好的专业系统平面图导入 MagiCAD 软件中，按照各专业的平面图，分系统进行建模，如送风、排风、给水、排水、喷淋、动力桥架、照明桥架等，各系统设置不同颜色以便区分，如图 2-9 所示。建模过程及设置的详细介绍见本书第 3 章。

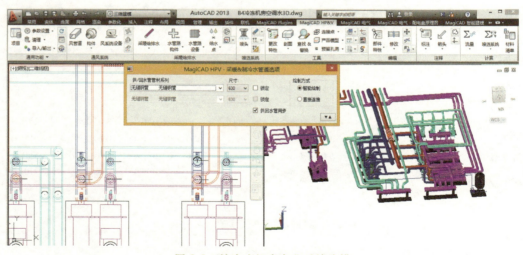

图 2-9　某冷冻机房专业系统建模

有的设计人员在设定不同系统的颜色时，利用颜色深浅及色调变化来表达管线的标高，这样可以直观地显示所有管线的高度变化，并可直观地显示整个楼层各区域的净高，对于影响净高的局部管线一目了然，从而可以有针对性地进行调整，甚至要求具体专业变更设计。但是这种颜色设计方案相对繁琐，并不常用。

建模的顺序大致按从上到下、从大管到小管进行，以减小后期调整避让的难度。如果有横向的重力排水管则需特别注意，应在风管及其他水管之前建模，这是由于重力管有坡度要求，而且不能上翻，发生交汇时通常需要其他管线避让，因此先行建模有利于后期的调整。

进行管线走向设计和建模时应注意以下几个问题：

（1）定位排水管（无压管）　排水管为无压管，不能上翻，通常应保持直线，满足坡度要求。一般应将其起点（最高点）尽量贴梁底，使其标高尽可能提高。沿坡度方向计算其沿程关键点的标高直接接入立管处。

（2）定位风管（大管）　因为各类暖通空调的风管尺寸比较大，需要较大的施工空间，所以接下来应定位各类风管的位置。风管上方有排水管的，安装在排水管之下；风管上方没有排水管的，尽量贴梁底安装，以保证楼层净高的要求。

（3）定位有压管和桥架等管线　确定了无压管和大管的位置后，然后处理各类有压管道和桥架等管线。此类管道一般可以翻转弯曲，布置较灵活。此外，在各类管道沿墙排列时应注意以下几个方面：通常情况下，保温管靠里非保温管靠外；金属管道靠里非金属管道靠外；大管靠里小管靠外；支管少、检修少的管道靠里；支管多、检修多的管道靠外。管道并排排列时应注意管道之间的间距。一方面要保证同一高度上尽可能排列更多的管道，以节省层高；另一方面要保证管道之间留有检修的空间。管道距墙、柱以及管道之间的净间距应不小于 100 。

4. 管线综合优化

当各专业系统建模完成后，利用原点对齐方式，将各专业模型综合到一起，并进行碰撞检测及管线综合。该项目各专业模型综合到一起的效果如图 2-10 所示。

管线综合的效果在很大程度上取决于设计人员的经验，目前没有什么严谨、详细的方法

图 2-10　某冷冻机房管线综合效果图

能够适用于所有类型的项目，但是从大量的项目经验中可以总结出一些相对普遍的原则：

（1）尽量利用梁内空间　绝大部分机电安装项目中，为保证层高，在管线排布时通常贴梁底布置，而梁与梁之间通常存在很大的空间，尤其是当梁高较大时。在管道交汇处，利用这些梁内空间，在满足转弯半径的条件下，空调风管、电气桥架和有压水管均可以通过上翻到梁内空间的方法，避免与其他管线冲突，满足层高要求。

（2）有压管道避让无压管道　无压管道内介质仅受重力作用由高处往低处流动，其主要特征是有坡度要求、管道杂质多、易堵塞，所以无压管道应尽量保持直线，避免过多转弯，以保证流动顺畅。有压管道是在压力作用下液、气克服沿程阻力沿一定方向流动，一般来说，改变管道走向，上下翻转，绕道走管不会对其输送效果产生严重影响。因此，当有压管道与无压管道发生碰撞时，应首先考虑有压管道避让无压管道。

（3）小管道避让大管道　通常来说，大直径管道由于造价高，尺寸、重量大，翻弯空间限制等原因，一般不宜做过多的翻弯和偏移。在设计时应先确定大管道的位置、走向，后进行小管道的排布。在两者发生冲突时，应首先调整小管道，因为小管道造价低，且所占空间小，易于翻弯和偏移。

（4）冷水管道避让热水管道　热水管道需要保温、造价较高，且加装保温层后的管径较大，翻弯不便。另外，热水管道翻弯过于频繁会导致集气。因此，当冷水管道与热水管道相遇时，通常调整冷水管道。

（5）附件少的管道避让附件多的管道　附件多而且集中的管道排布、安装比较困难，所以尽量减少其翻弯和移位。多附件管道路径设计时要注意管道之间留出足够的间距，考虑法兰、阀门等附件所占的位置，包括后期的操作空间，这样有利于安装、操作以及今后附件的检修、更换。

此外，还应遵循临时管道避让永久管道，新建管道避让既有管道，低压管道避让高压管道，空气管道避让水管道的原则。

进行管线综合时必然会导致管线的移动，穿墙、穿楼板的管线发生变动时，预留孔洞位置也要发生变化，特别是大型管线（如风管）发生移位时，就需要与土建配合，及时修正预埋预留孔洞图。对于精装修的民用建筑，应与装修单位密切配合，了解装修方案，根据装修方案确定喷头、灯、风口等附件的位置，在安装过程中将接口预留到位。

只有多方面共同努力，协调配合，遵循合理的设计原则，满足各自的工艺要求，综合管线才能充分解决常见的"错、漏、碰、缺"等问题，减少甚至避免施工中的工程变更，提高施工效率，保证机电设备的安装质量，达到理想的效果。

5. 细部处理及设备布置

管线综合完成后，就可以进行模型的细部完善了，包括具体的设备、管线、阀门、风口等按照实际产品的尺寸、参数对模型进行精细化处理，建立施工模型。在机电安装工程的投标阶段，很多设备的最终型号尚未确定，可以根据设计院给出的基础参数，选择类似的设备进行建模，此时设备的尺寸应当考虑留有余量。该项目的冷水机组设备选型及细部处理效果如图 2-11 所示。

6. 出施工图

根据施工需要，从施工模型中可以利用软件自动生成各种管线综合图及剖面图，用于指导现场施工。由于 BIM 的施工模型是带有具体参数的三维模型，所以在从三维模型转二维

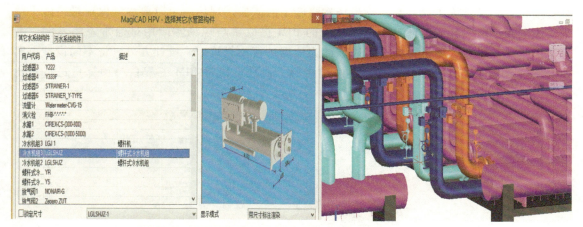

图 2-11　某冷冻机房冷水机组设备选型及细部处理效果图

图时，带有大量的参数信息，标注、出图比较方便。并且所有的图纸均来自同一个模型，只是角度不同，方位不同而已，图纸信息的一致性好，避免遗漏、错误等问题。而且模型一旦建立完成，可以根据需要，随时在任意位置进行剖切，软件自动生成剖面图，并且可以通过在二维图中附加三维轴测图的方式，辅助现场施工人员理解设计方案。图 2-12 为该项目基于 BIM 模型的施工图局部。

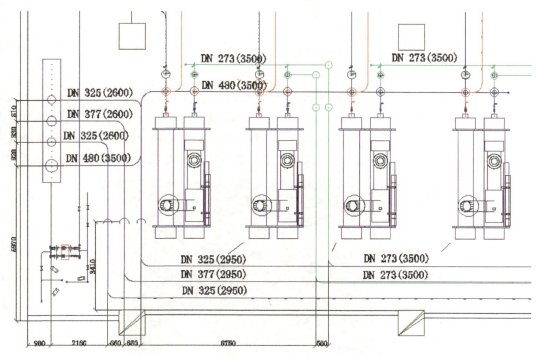

图 2-12　某冷冻机房基于 BIM 模型的施工图局部

7. 基于 BIM 模型的工程量统计

利用 BIM，软件可以自动生成 BIM 工程量清单，如图 2-13 所示。该工程量与模型的精细程度相关，通常施工模型是指导现场实际施工的依据，现场施工时要尽量保证最终施工结果与施工模型相一致。因此基于施工模型的 BIM 提取量与现场实际用量通常差距不大，考虑一定的损耗量后，施工方完全可以以此为依据进行物料管理。设计方可以将不同设计方案的 BIM 工程量进行对比，优化设计，总结经验。而且可以将 BIM 工程量与预算量进行对比分析，提高企业预算能力。

MagiCAD HPV - 材料清单

文件(F) 编辑(E)

类别	尺寸	系列	产品	数量	长度[m]	保温层面积[m2]	厚度[mm]	展开面积[m2]
端墙	273	无缝钢管		3				
端墙	325	无缝钢管		3				
端墙	480	无缝钢管		2				
端墙	630	无缝钢管		2				
截止阀	32	截止阀10	TA 60-32	17				
截止阀	200	蝶阀	Butterfly valves DN200	16				
截止阀	250	蝶阀	Butterfly valves DN250	14				
截止阀	300	蝶阀	Butterfly valves DN300	24				
其他阀门	150	信号阀	V5016A1168+ML6421A	24				
其他水系统构件		冷水机组2	LGLSHJZ	6				
其他水系统构件	125/100	卧式泵100	NL 100	12				
其他水系统构件	20	压力表1	PRESSURE METER-RIGHT	58				
其他水系统构件	200	水泵柔性接口	EJ-2-200	14				
其他水系统构件	250	水泵柔性接口	EJ-2-250	20				
其他水系统构件	350	水泵柔性接口	EJ-2-350	24				
其他水系统构件	200	过滤器1	AT4029A-200	12				
其他水系统构件	250	过滤器1	AT4029A-250	12				
其他水系统构件	300	过滤器1	AT4029A-300	10				
分水器	-/-/-/-/-/-/-/-/-/-/-/			1				
分水器	-/-/-/-/-/-/-/-/-/-/-/-/->			1				
外保温/水管	150	BW-03	离心玻璃棉		6.4	5.043	50	
外保温/水管	32	BW-03	离心玻璃棉		17.3	7.187	50	
外保温/水管	108	BW-03	离心玻璃棉		0.1	0.078	50	
外保温/水管	133	BW-03	离心玻璃棉		1.7	1.276	50	
外保温/水管	219	BW-03	离心玻璃棉		59.5	59.639	50	
外保温/水管	273	BW-03	离心玻璃棉		135.0	158.229	50	
外保温/水管	325	BW-03	离心玻璃棉		347.9	464.507	50	
外保温/水管	377	BW-03	离心玻璃棉		82.3	123.313	50	
外保温/水管	480	BW-03	离心玻璃棉		55.7	101.432	50	
外保温/水管	630	BW-03	离心玻璃棉		47.3	108.535	50	
外保温/弯头-15	377	BW-03	离心玻璃棉	2			50	

图 2-13　某冷冻机房 BIM 工程量统计清单局部

8. 成果展示

利用 MEP 软件建立的机电系统 BIM 模型，可以导出至 BIM 后期处理软件，如 Navisworks，对模型进行后期处理。Navisworks 软件是 Autodesk（欧特克）公司开发的用于三维模型整合、碰撞检测和 4D 模拟的 BIM 后期处理软件。也有较强的模型渲染功能，该项目将土建模型与机电系统模型导入 Navisworks 软件并进行初步的后期处理，效果如图 2-14 所示。

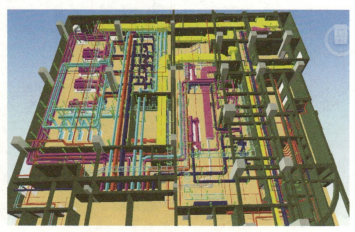

图 2-14　某冷冻机房 BIM 模型导入
Navisworks 软件效果图

也可以导出至艺术设计类软件，如 3DMAX 软件，对模型进行艺术化处理，效果如图 2-15 所示。

图 2-15　某冷冻机房 BIM 模型导入
3DMAX 软件处理效果

也可以通过视频软件，将模型生成三维动画视频，进行设计展示或施工过程动态模拟。图 2-16 所示是该项目三维动画视频的截图。

图 2-16　某冷冻机房三维动画视频截图

该案例初步展示了 BIM 技术在机电安装工程项目投标方面的应用流程，BIM 技术作为三维设计方法，在管线综合、工程量统计、设计方案展示等方面，具有传统技术手段无法比拟的优势。

第3章

某办公楼标准层机电安装实例分析

对于 BIM 技术在机电安装工程中的应用来说，地下车库、泵房及设备层类的项目因为涉及的机电系统与设备较多，集成度高，相对比较复杂，而普通办公楼类的项目相对比较简单。因此，本章先从某办公楼标准层机电安装工程的实例入手，介绍 BIM 技术的建模要点及 BIM 技术在该项目中的应用过程。

3.1 项目概况

办公楼标准层的机电安装工程，重点是管廊区域，因为管廊区域的机电系统管线设计及施工效果对于吊顶标高、后期检修及内部装修等问题有很大影响。其他相似类型的项目，如医院病房楼、实验楼，综合楼等办公区域，对机电安装工程的要求基本相似，只是涉及机电系统种类略有区别，下面以某办公楼项目的标准层为例，介绍 BIM 技术在此类工程中应用的要点。

为叙述方便，本书中若不做特殊说明，高度、长度、距离等几何尺寸的单位均为 mm。

该项目标准层情况：楼层建筑高度为 4100，结构顶高为 4050，管廊梁高为 500，近房间侧梁为 600，管廊吊顶标高要求 2600，需留 200 吊顶层，主要机电系统有电器桥架、空调风管、暖通给排水、消防喷淋等，管线安装空间高度为 750。

3.2 BIM 模型的搭建

3.2.1 BIM 建模标准的制定

本节首先介绍 BIM 建模前的准备工作，俗话说"磨刀不误砍柴工"，很多设计人员刚接触项目资料就开始处理设计院的图纸，依据二维图导入 BIM 软件进行建模，但是往往忽略了一个问题，那就是建模之前相关标准的建立，因为 BIM 技术的核心问题之一是协同作业，如果工程开始前没有建立统一的系统命名规则、图元表示方式等相关标准，再通过后期的修改来协调，就会事倍而功半。

目前，我国关于 BIM 建模的国家标准还未发布，只是在 BIM 技术应用相对领先的地区，如北京、上海等地方政府，颁布了一些指导性文件，某些设计院也制定了院内标准。从作者所参与的案例来看，应当首先和业主交流，建立一个项目参与各方比较容易沟通，能够相互

实现信息传递的标准，原则是易于设置，清晰明了，修改方便。该标准主要包括以下几个
要素：

（1）模型系统命名规则、系统代码的命名规则及颜色设定　模型系统命名规则通常由
业主提出，以满足后期运维的需要，如果业主不要求，建模单位可以根据自己的需要制订一
个简单的建模标准。表 3-1 所示就是该办公楼标准层机电系统建模时的管道系统代码及颜色
设定标准。

表 3-1　某办公楼 BIM 建模标准——管道系统代码及颜色

管道名称	系统名称	系统代码	RGB	颜色
冷热水供水管	冷热水系统	LRG	255.153.0	
冷热水回水管		LRH		
冷冻水供水管	冷冻水系统	LG	0.255.155	
冷冻水回水管		LH		
冷却水供水管	冷却水系统	LQG	102.153.255	
冷却水回水管		LQH		
热水供水管	采暖热水系统	RG	255.0.255	
热水回水管		RH		
冷凝水管	冷凝水	N	0.255	
冷媒管	冷媒	LM	102.0.255	
室外补水管	补水	BS	0.153.50	
膨胀水管	膨胀水	PZ	51.153.153	
消火栓管道	消火栓系统	XH	255.0.0	
自动喷淋灭火系统	自动喷淋系统	ZP	0.153.255	
生活给水管	给水系统	J	0.255.0	
热水给水管	热水系统	R	128.0.0	
污水-重力	重力污水系统	W	153.153.0	
污水-压力	压力污水系统	WF	0.128.128	
重力-废水	重力废水系统	ZLF	153.51.51	
压力-废水	压力废水系统	YLF	102.153.255	
雨水管	雨水系统	Y	255.255.0	
通气管	通气	TQ	51.0.51	
软化水管	软化水	RS	0.128.128	
强电桥架	强电桥架系统	QD	255.0.255	
弱电桥架	弱电桥架系统	RD	0.255.255	
消防桥架	消防桥架系统	XF	255.0.0	
厨房排油烟	厨房排油烟	PY	153.51.51	
排烟	排烟系统	PY	128.128.0	
排气	排气系统	PQ	255.153.0	
新风	新风系统	XF	0.255.0	

（续）

管道名称	系统名称	系统代码	RGB	颜色
正压送风	正压送风系统	ZYSF	0.0.255	
空调回风	空调回风系统	HF	255.153.255	
空调送风	空调送风系统	SF	102.153.255	
送风/补风	送风/补风	SF/BF	0.152.255	

（2）利用 BIM 导出二维施工图时线型、线宽及标注字体的高度设定　目前大多数设计院在进行二维绘图时，均设定了自己的院内标准，简单来说就是统一图纸中的线型、文字、颜色等要素的设定方式。施工图作为 BIM 技术应用的重要环节，是指导现场施工的依据，通常包含平面图、施工图和局部复杂部位的剖面图。在整个 BIM 技术的应用过程中，技术人员对方案有总体把握，但对于指导现场施工来说，目前技术工人还需要详细的施工图。因此在基于 BIM 进行出图时，也需要设定一个出图规则，否则会出现所出图纸表达方法不统一，标注格式混乱等问题，造成现场安装人员看图困难。

在该项目实施过程中 BIM 设计方制订了详细的出图规则，因为篇幅所限，在这里仅列举空调系统文字规则说明：

空调系统管道类型标注字体高 300，字体 standard；尺寸标注字体高度 300，字体 standard。

3.2.2　项目文件夹的搭建

目前，在国内机电安装工程中，基于 BIM 技术深化设计的基本方法是将设计院提供的二维图导入 BIM 软件，在 BIM 软件中按照不同专业系统由二维图绘制三维模型，之后根据施工规范进行管线综合调整及碰撞检测。因此设计院的图纸及说明资料是建模的依据，本案例中所采用的 BIM 软件是 MagiCAD，对于其他 BIM 软件，如 Revit MEP，工作思路基本相同，只是软件操作的方法有所区别。软件只是建模的一种工具，现在常用的 BIM 软件有很多，设计人员可以根据企业的情况及项目的特点进行选择。

在项目深化设计的过程中，会产生很多不同类型的文件。为便于文件管理，在项目开始时，首先要建立该项目的项目文件夹，所有与该项目有关的文件都要放在这个项目文件夹里。常用的有参照文件夹、深化设计文件夹、综合文件夹，漫游文件夹，问题说明夹等，可以根据项目的具体情况建立相应的文件夹，这样便于后期应用。本项目所建立的项目文件夹的内容如图 3-1 所示。

深化设计文件夹用来放置 BIM 软件生成的相关专业文件，可以在这个文件夹下继续建立相关专业的子文件夹。例如，在暖通设计图、电气设计图、给水排水设计图等各子文件夹下放置相关专业的图纸。

参照文件夹用来放置设计院提供的二维图，设计院的图纸往往是一个专业系统的图纸包含不同楼层的内容，用图层设置来区分。但是对于 BIM 软件建模需要来说，参照图纸最好一个专业一个楼层一张图纸。以通风系统为例，每一层的通风系统都要按照同一个原点的规则处理成单独的图纸。注意国内绘图单位为毫米，在 MagiCAD 软件中新建图纸模板时要选择 acadiso.dwt 模板文件。图 3-2 所示为本项目主楼十层（标准层）参照文件夹中的图纸情况。

名称	修改日期	类型	大小
建筑模型	2016-07-28 9:23	文件夹	
科技楼全套图纸	2016-07-28 9:23	文件夹	
主楼十层参照文件夹	2016-07-28 9:48	文件夹	
主楼十层管线综合图	2016-07-28 9:41	文件夹	
主楼十层漫游文件夹	2016-07-28 9:36	文件夹	
主楼十层深化设计施工图	2016-07-28 10:06	文件夹	
HPV	2014-12-08 11:05	AutoCAD 线型定义	4 KB
HPV.QPD	2016-01-22 10:11	QPD 文件	11,672 KB
电气	2016-07-28 10:06	MEP 文件	690 KB
暖通给排水.EPJ	2016-07-28 10:06	EPJ 文件	106 KB
暖通给排水.QPD	2016-07-28 10:06	QPD 文件	8,240 KB

图 3-1　某办公楼十层机电安装项目文件夹

共享 ▼　　新建文件夹			
名称	修改日期	类型	大小
主楼十层灯具	2015-01-25 8:56	DWG 文件	177 KB
主楼十层电器桥架	2015-01-15 10:41	DWG 文件	438 KB
主楼十层风机盘管接线	2015-01-25 12:27	DWG 文件	391 KB
主楼十层给排水参照	2015-01-15 8:58	DWG 文件	189 KB
主楼十层火灾报警	2015-01-15 10:39	DWG 文件	185 KB
主楼十层建筑图参照	2015-01-15 2:32	DWG 文件	323 KB
主楼十层空调风	2015-01-15 10:41	DWG 文件	394 KB
主楼十层空调水	2015-01-24 10:10	DWG 文件	253 KB
主楼十层暖通排烟	2015-01-15 10:41	DWG 文件	89 KB
主楼十层消防参照	2015-01-15 3:51	DWG 文件	236 KB
主楼十层照明桥架	2015-01-24 10:42	DWG 文件	462 KB

图 3-2　主楼十层参照文件夹内容

特别说明，很多设计院的图纸是用天正 CAD 绘制的，采用的是 acad.dwt 绘图环境，是无单位的，故需要新建图纸，将其复制出来，或者通过写块的形式导出，具体使用哪种方法，读者可以根据自己的习惯来选择，具体的软件操作不再赘述。下一步的工作无论是用 MagiCAD 软件还是 Revit MEP 软件建模，都要先用这种方式处理图纸。

综合文件夹用来放置管线综合后的施工图，通常是把深化设计后的图纸导入，进行管线综合碰撞检测。

3.2.3　项目管理文件的建立

在 MagiCAD 软件中，项目管理文件是管理整个项目图元要素的系统，如颜色、图层、产品信息、标注等，基本上项目所用到的内容都需要经过项目管理文件来管理，相当于项目部的项目经理。而在 Revit 软件中，是通过样本文件的形式来建立模板，软件只提供最初的模板格式，里面包含的系统、产品等信息相对较少。但在实际工作中不可能每一个项目都要去新建一套管理系统，因此利用项目管理文件可以解决这个问题，一旦按照建模标准建立好项目管理文件后，就可以在以后的项目中借用这个项目管理文件。当然根据项目类型不同，系统标准及涉及内容可能会有所不同，但是基本上略作修改就可以了，项目管理文件的建立和完善可以使后期的工作效率显著提高。图 3-3 所示为 MagiCAD 软件中的项目管理文件。

图 3-3　MagiCAD 软件中的项目管理文件

在 MagiCAD 软件中项目管理文件通常是根据项目类型划分的，在项目建模前做好。常见的类型有民用建筑、医院、办公楼、商业综合体、大型公用建筑等，按不同的建筑类型建立不同的项目管理文件。而在 Revit 软件中是通过建立不同的项目样板文件来管理这些基础信息的，很多设计院在应用 BIM 软件时，也是根据院内的工作习惯和标准首先建立本院的项目样板文件，以便信息共享。

在 MagiCAD 软件中做项目管理文件，主要考虑的是不同类型的建筑物所用到的机电系统不同，产品不同，在同类型项目中最常用的产品可以直接做到该类型项目管理文件中，做完这个项目，再去做下个同类项目的时候，减少重复的工作量。就像做过一个医院的项目，再去做另外一个医院项目的时候，可以充分利用已建好的项目管理文件，将常用的系统和产品快速导入，提高工作效率。

所以善于利用项目管理文件可以在很大程度上提高 BIM 建模的工作效率。

3.2.4　土建模型的利用

因为本书是介绍机电安装项目，对于土建专业来说，如何建立模型不再详细介绍，主要问题是如何利用已有的土建模型。

  MagiCAD 软件中有自己带的 Room（土建建模）模块，但是通过多个案例的应用，发现该模块局限性比较大，建模效率比较低，只能称之为辅助性质的土建建模模块。所以建议利用专业的建模软件，如 Revit Architecture、Revit Structure 软件建立土建模型，Revit 软件建立的土建模型可以导入到 MagiCAD 软件中，导入的土建模型利用原点对齐方式与机电模型组合在一起，在 MagiCAD 软件中将机电模型与导入的土建模型进行管线综合可以生成碰撞报告，生成预留预埋图等。注意土建模型在导入 MagiCAD 软件时部分信息会丢失，但通常不影响后期的碰撞检测和管线综合。所以对于机电安装工程 BIM 建模的要求来说，该工作方式可以满足深化设计的需要。图 3-4 所示为该项目土建模型文件转成 DWG 格式以便导入 MagiCAD 软件的操作界面。

图 3-4　土建模型的处理

  土建模型往往由土建设计人员或者项目土建工程师建立，对于机电安装设计人员，简单的土建模型也可以自己搭建，但是无论谁做这个工作，机电安装设计人员都需要对建筑结构图有所了解，如楼层的高度，梁的位置和高度等，因为这是机电系统设计和安装的基础。图 3-5所示为该项目十层土建模型二维三维效果图。

3.2.5　机电系统建模

1. 建模思路

  在 MagiCAD 软件中建模，机电系统的标高可以分为绝对标高和相对标高。绝对标高是指系统相对于黄海标高的高度，不同楼层都需要计算，所以不建议使用绝对标高。相对标高指绘制系统的时相对于该楼层地面的高度。在 Revit 软件中管线标高也可以在属性中相对于某个标高进行设置。

  传统的方式中，技术人员做机电系统的深化设计是在二维平面图的基础上综合考虑设备、管线的排布，并针对必要部位做剖面图，以便分析高度方向上的相互关系。但是对于复杂项目，有限的剖面图很难说明整体管线的走向，这样就要考虑做更多的剖面，因此工作量

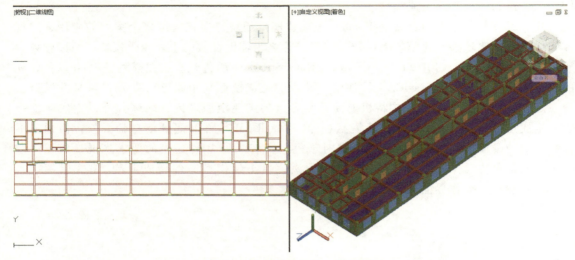

图 3-5　土建模型二维三维效果图

比较大。

目前，在利用 BIM 技术做深化设计时，很多技术人员的工作方式是先在二维图的基础上深化，然后再利用 BIM 软件进行建模，利用模型做碰撞检测，调整方案。这种方式比直接建模后再进行深化、调整速度要快。因为模型建好后，若对 BIM 软件的应用不熟练，调整难度比较大，工作效率不高，但这种工作模式其实是传统工作模式的延续。随着 BIM 软件相关功能的增强，直接建模，再利用 BIM 软件的剖面功能及碰撞检测功能做深化设计，工作效率应当更高，因为基于二维图的深化设计受图纸信息的约束，其效率远低于基于三维模型的深化设计。随着 BIM 技术的不断成熟，直接三维建模再优化模型，这种工作模式的优势将会越来越明显，今后，真正的三维设计和三维优化是发展趋势。

2. 拆分图纸

设计院的二维施工图和设计说明，是建模依据，三维模型对空间位置的要求比较高，因此，每个楼层的每个专业系统都有空间定位要求，但是设计院提供的二维图往往是一张图包含全部楼层多个专业，因此需要把设计图按照建模的规则拆分。

拆分设计院的图纸的过程，也是对项目深入了解的过程。建议在拆分图纸前，要把设计院的图纸全部审阅一遍，设计说明、平面施工图和系统图都是建立模型的依据，如果有条件可以核对蓝图，因为拿到的电子版图纸未必和蓝图是一致的，设计图可能因为功能需要等情况，产生了变更，往往蓝图体现了变更情况，电子图未必做了更改。所以核对图纸情况很重要。前期准备工作做充分，会减少很多后期工作的麻烦。

如果设计人员的经验比较丰富，会知道哪种类型的建筑通常包含哪些系统。因为机电系统是根据项目的功能要求来设计的。例如办公楼，通常包括强电、弱电，给排水，消防喷淋，空调，通风系统等。对于有特殊功能要求的建筑，会增加不同的系统。所以多了解不同类型建筑的功能，对不同项目所包含的机电系统就有更多的了解。当拆分图纸时，要注意核对是否不同系统全部拆分出来，不要有遗漏。这里的拆分图纸主要是指拆分平面施工图，对于系统图、设计说明等作为参考依据，在建模及综合设计时，直接用 MagiCAD 软件打开看即可。

该项目机电系统建模包含的各专业系统，如图 3-6 所示。

主楼十层灯具模型	2016-07-28 10:06	DWG 文件	348 KB
主楼十层给排水施工图	2015-01-25 9:07	DWG 文件	2,283 KB
主楼十层建筑模型	2015-01-19 12:22	DWG 文件	1,408 KB
主楼十层结构模型	2015-01-25 10:24	DWG 文件	1,902 KB
主楼十层空调风施工图	2016-07-28 10:05	DWG 文件	2,636 KB
主楼十层空调水施工图	2016-07-28 10:04	DWG 文件	2,908 KB
主楼十层排烟施工图	2016-07-28 10:04	DWG 文件	2,226 KB
主楼十层喷淋系统	2016-07-28 10:04	DWG 文件	2,637 KB
主楼十层桥架施工图	2016-07-28 10:03	DWG 文件	311 KB
主楼十层支吊架	2016-07-28 10:06	DWG 文件	7,308 KB

图 3-6　该项目机电建模包含的各专业系统

3. 初步模型管线标高的确定

根据施工经验，通常风管、桥架在管线安装空间的最上层，若管线安装空间小，可以使风管和桥架离梁底 50 水平并排布置，若管线安装空间宽裕，可以让桥架和风管分为两层，桥架在最顶层，风管在第二层，根据风管和桥架所占的空间，再确定管道层标高。

根据这个规则，就可以依据二维图进行建模了。本案例中风管和桥架上下分层布置，楼层建筑高度为 4100，结构顶高为 4050，管廊梁高为 500，强电桥架为 200×100，桥架离梁底 50，所以桥架的架底标高为 3400，风管和桥架间距 100，风管最大为 1250×250，所以风管底标高可以设定为 3050，管廊吊顶标高要求 2600，留 200 吊顶层，管道最低标高为 2800，留 250 的空间放置管道，如果在初步建模的时候管道能排布开，剩下的无非是管道位置的调整，如果管道的分支放置不开，可以在满足施工规范要求的情况下进行管道合理排布来解决。

4. 初步模型的建立深度

美国建筑师协会为了规范 BIM 参与各方及项目各阶段的界限，在其 2008 年发布的文档 E202 中定义了 LOD（Level of Details）的概念，即模型的细致程度。用于确定模型的阶段输出结果（Phase Outcomes）以及分配建模任务（Task Assignments）。并依据模型所包含信息的层次与应用的阶段将 LOD 定义为 5 个等级，分别是 LOD100、LOD200、LOD300、LOD400、LOD500，应用于从概念设计到竣工设计的不同阶段。各等级模型的细致程度定义如下：

LOD100　Conceptual 概念化

LOD200　Approximate geometry 近似构件（方案及扩初）

LOD300　Precise geometry 精确构件（施工图及深化施工图）

LOD400　Fabrication 加工

LOD500　As-built 竣工

我国关于 BIM 建模深度的国家标准还未发布，只是在 BIM 技术应用相对领先的地区，地方政府如北京、上海、深圳等，颁布了一些指导性文件。基本思路都是依据模型的提供方及应用场合把模型分为几个等级，如设计模型、施工模型和竣工模型等，但是作者认为无论哪个深度的模型本质上都是同一个模型，无论谁来做，都是围绕同一个项目而建立的模型，所以既然做，就要把这个模型精度尽量做到位。在机电专业，建模的深度很重要，但是更重要的是建模的次序，如果开始就把模型全部按照设计一次性建立，包括各种设备、管件与阀门，后期再去调整模型就很困难，因为内容太多，会感觉无从下手。因此，模型建立的过程和施工过程有点类似，也要先进行主管道模型的建立，再进行分支管道的建立，然后进行立管井、管路构件、添加设备等。如果违背了这个原则，会大大降低建模的效率。

通常，在机电系统建立模型时一般遵循这样的原则：电气系统的所有桥架部分都要建立，灯具、烟感等终端器件在管线综合的时候再考虑位置，但是不需建模，因为这些终端器件是根据精装修的情况来定位的；管道系统先建所有主要管道的模型，包括消防管道主管道，支管管道可以构建同类型的几根，对于消火栓可以暂时不建，喷淋系统可以建到 $DN40$，这样可以大大提高建模的效率。建立初步模型的工作量一般不宜超过建模及深化设计总工作量的 15%，建立全部模型的工作量不宜超过总工作量的 25%，这是一般项目中建模工作量和后期管线综合排布工作量的对比，当然这只是作者个人经验。对于初步接触 BIM 技术的设计人员来说，以提高建模效率为重点，选择一款合适的 BIM 建模软件，快速完成建模就可以了，要把主要精力放到管线综合排布上。

在这里特别说明的是，很多建模工程师发现，喷淋支管建模深度即使到 $DN40$，工作量还是很大，因为喷淋管道通常量很大，每一段的管径不一定相同，所以反复更改尺寸，比较繁琐。若是建模深度到 $DN25$，到喷头的时候，工作量就更大了，因为每一根喷淋支管因为管线碰撞调整的原因走向不一定相同，所以还不能完全复制。对于这个问题，作者建议选用一款具有喷淋管径自动选择的软件，$DN80$ 以上管径全部按照图纸实际尺寸建模，对于 $DN80$ 以下的，全部采用 $DN50$ 的管径建模，等系统全部构建完成后，根据设计要求的危险等级，设置喷淋系统的计算规则，软件自动计算管径就可以了。这种建模方式要比自己去构建的模型更精确，效率大大提高。有时候 BIM 的建模深度能否满足系统校核的要求也是比较重要的，利用软件的管径自动计算校核功能，不仅能提高建模的工作效率，而且也能在模型中进行设计数据的校验计算。

在某些项目中，也有工程师为电缆和导管建立模型，在这里说明一下，在 BIM 软件中，几乎所有专业系统元件的模型都可以建立，无非是付出的工作时间与得到的回报是否成比例，也就是说投入建模的工作量与模型应用的效益是否相称。对于电气系统桥架内的电缆，因为数量很大，如果每一根都建模，工作量太大而效益很小，所以有点得不偿失。如果需要统计电缆的数量和长度，可以利用更专业的软件去做，如浩辰软件、博超软件就有电缆自动敷设的功能，有兴趣的读者可以去了解。很多工业院也在考虑三维电缆敷设问题，并且随着BIM 软件的不断更新和发展，相信不久的将来会有更简便的解决方案。

5. 模型建立

把前面所述的问题弄清楚后，真正建模是相对比较简单的，因为前面的工作做好了，利用一款合适的建模软件，掌握基本操作，能够看懂各专业图纸，按照建立初模的规则，绘制模型就可以了。

在 Revit 软件中，需要选择合适的样本文件，然后开始专业系统建模。而在 MagiCAD 软件中，首先专业系统图纸要与项目管理文件相关联，然后进行建模操作。建模过程中需要的管线类型、设备、附件等可以从软件自带的产品库中选择,若库中没有,也可以自己构建。至于其他的 BIM 软件,无非是方法略有不同,基本流程差不多。但是 MagiCAD 软件的一大特色是其产品库为网络在线形式,并且由生产企业进行维护和更新,不受设计终端存储空间的限制,所以品种丰富,种类繁多,产品更新比较及时、数据准确可靠。而且允许设计人员建立自己的产品库,应用比较方便。同样的,很多建模工程师利用 Revit 软件的族功能建立了很多产品的族库,其应用思路是相似的。

图 3-7 所示为该项目利用 MagiCAD 软件绘制的空调风系统三维模型效果图。

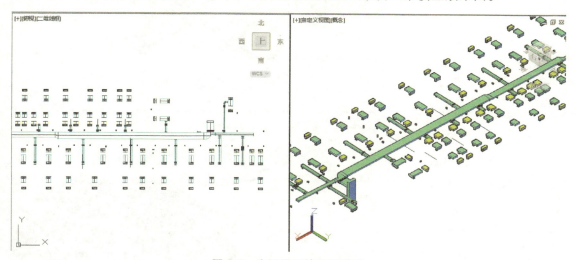

图 3-7　空调风系统三维模型

图 3-8 所示为电缆桥架系统,标高按照 3400 设定绘制。

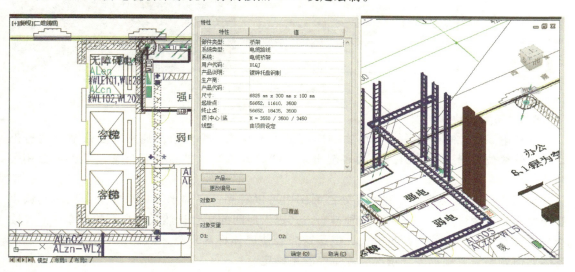

图 3-8　电缆桥架三维模型

图 3-9 所示为按照设计图建立的空调水系统初步模型图。

各专业系统初步模型建立后,通过外部参照把所有的专业模型综合到一张图纸中,可以

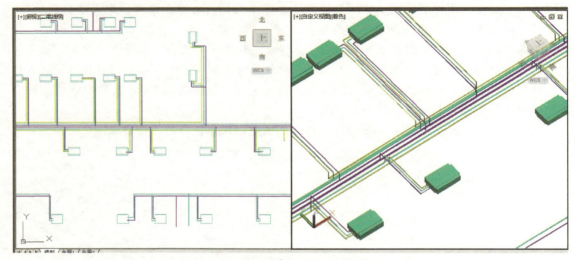

图 3-9　空调水系统三维模型

得到管线综合图，如图 3-10 所示。

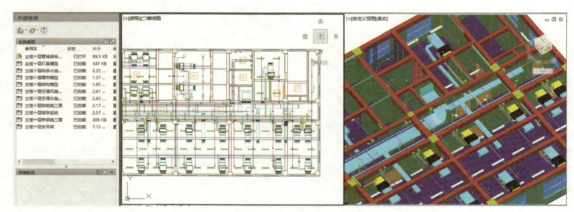

图 3-10　某办公楼标准层管线综合三维模型

6. 剖面图的绘制

在机电系统综合设计中，剖面图的应用是很重要的一个环节。通常在复杂节点进行剖切，将管线位置通过剖面图的形式表现出来，然后分析管线排布是否合理，是否符合相关规范。

从图 3-11 所示标准层管廊区某处剖面图中可以看到，空调水管在风管下面，而空调水管需要安装上翻进房间的支管，这种排布方式进入房间的支管显然没有合适的排布空间，除非是空调水管与风管的间距足够大，但是这样会使整体标高下降，因此排布方式需要调整，具体如何调整需要根据现场情况和施工经验来确定。

7. 碰撞检测

按照分层原则，把管线按照一定的标高设定后，就可以进行水平位置的调整了，在建模时，管线不必严格按照设计院给出的平面图位置排布，具体位置可以通过剖面图进行优化，同时考虑综合支吊架的安装位置。所以当模型主管排布方案调整完毕后就可以进行第一次碰

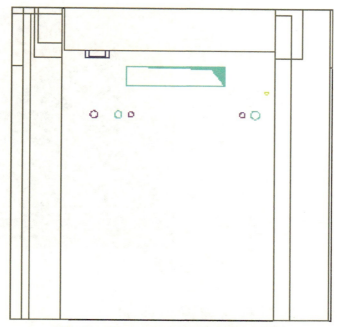

图 3-11　某办公楼标准层管廊区某处剖面图

撞检测，在 MagiCAD 软件中可以自动生成碰撞报告，并直接把碰撞点显示在模型上，如图 3-12和图 3-13 所示。

显示信息 (975可视 / 975全部)

系统	楼层	部件类型	消息	位置 (楼层
ZP : ...		水管/喷洒	水管-AutoCAD碰撞	(56838.4, 1
ZP : ...		水管/喷洒	水管-AutoCAD碰撞	(56838.4, 1
C1 : ...		弯头-90	水-水管碰撞	(68522.7, 9
C1 : ...		弯头-90	水-水管碰撞	(68636.7, 9
C1 : ...		弯头-90	水-水管碰撞	(68768.3, 9
C1 : ...		弯头-90	水-水管碰撞	(68636.7, 9
C1 : ...		弯头-90	水-水管碰撞	(68726.7, 9
C1 : ...		弯头-90	水-水管碰撞	(68522.7, 9
C1 : ...		水管/供	水-水管碰撞	(67525.4, 9
C1 : ...		T-连接-90	水-水管碰撞	(67525.4, 9
C1 : ...		水管/供	水-水管碰撞	(67519.0, 9
C1 : ...		水管/供	水-水管碰撞	(67488.2, 9
C1 : ...		水管/供	水-水管碰撞	(67487.0, 9
C1 : ...		弯头-90	水-水管碰撞	(67488.2, 9
C1 : ...		水管/供	水-水管碰撞	(67491.7, 9
C1 : ...		水管/供	水-水管碰撞	(67518.5, 9
C1 : ...		水管/供	水-水管碰撞	(67496.8, 9
C1 : ...		水管/供	水-水管碰撞	(67514.3, 9
C1 : ...		弯头-90	水-水管碰撞	(67491.7, 9
C1 : ...		弯头-90	水-水管碰撞	(67503.0, 9
C1 : ...		弯头-90	水-水管碰撞	(67535.0, 9
C1 : ...		水管/供	水-水管碰撞	(67535.0, 9

系统 全部系统
楼层 全部楼层
部件类型 全部部件
消息类型 全部消息
☑携带错误标记保存计算结果
◉楼层坐标系 ○用户坐标系
拷贝到剪贴板
标明选定的错误并放大
标明全部错误

图 3-12　碰撞报告

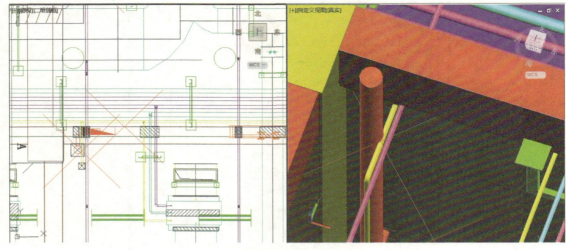

图 3-13　碰撞点显示

3.3　基于 BIM 的管线综合与碰撞检测

　　基于 BIM 技术的机电系统深化设计，最重要的环节就是管线综合与碰撞检测。会操作软件，能看懂设计图，建模就没有太大的问题，但是如果没有现场安装经验，方案的调整和优化难度就比较大了，因为此时既要考虑施工规范，又要考虑安装空间及安装效果。所以，此时施工现场是最好的老师，多和现场技术人员沟通，才能制订出合理的排布方案。前面对建模规则的介绍，只是避免完全按照设计图构建模型，使碰撞点太多，不利于后期的调整优化。而初模建立后，对于管线综合深化设计，就需要现场施工经验了。

　　根据作者经验，在管线综合的过程中，首先利用三维模型得到关键节点的剖面图，初始剖面图往往是比较凌乱的，虽然初模经过了分层排布，垂直方向的位置相对规范，但是水平方向位置排布距离理想状态差距很远，此时要进行管线水平方向上的排布，使各系统分布规整。水平排布时重点考虑主管道上分出支管的问题，包括通风管道有没有进房间的左右分支。目前有的 BIM 软件具有自动分支功能，但是软件自动生成的模型第一不够细致；第二模型生成后还要一一去核对相关信息是否准确，这个过程甚至不如直接根据设计图建模效率更高。而且建模过程对于设计人员来说，第一能对原始设计图有更深入的了解；其次建模过程也是对设计图进行检查的过程。自己建立的模型，自

图 3-14　指导现场作业

已调整的模型，工程师烂熟于心，有利于下一步指导现场施工，甚至不用带图纸，用显示终端如 IPAD 就可以指导作业了。本项目管廊区施工现场如图 3-14 所示。

3.3.1　基于管线剖面图的管线调整过程

下面，以该项目一个剖面为例说明综合设计时管线的调整过程。

新建一张图纸，把所有的用 MagiCAD 软件建立的模型都导入，并做复杂部位的剖切线，多做几处，软件自动生成剖面图。

第一次剖切出来的剖面图中管线位置等都不整齐，如图 3-15 所示，若依此施工会使管线比较凌乱。

调整后第二次剖面图，此时可以考虑支吊架的安装位置及排布，如图 3-16 所示。

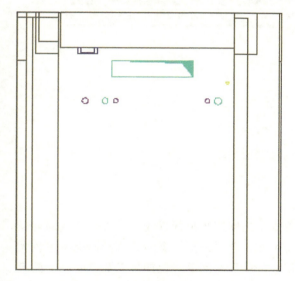

图 3-15　第一次剖切的剖面图

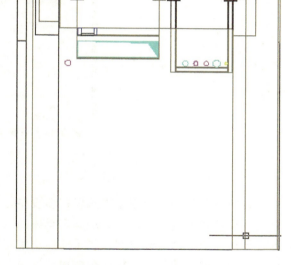

图 3-16　第二次剖切的剖面图

根据调整后的剖面图生成新的管线综合图，如图 3-17 所示。

在 MagiCAD 软件中，当调整剖面图中管线的位置时，对应的平面图上管线的位置不会随着剖面图上管线的位置调整而变化。而在 Revit 软件中两者是可以联动的，因为 Revit 软件生成的剖面图是从剖切位置按照定义的剖面框去看到的视图，与平面图的模型是同一个模型，只是用不同的视角去看而已，调整剖面图中管线位置时平面图中的对应管线位置也在变化，这是 Revit 软件的一个优点。

在 MagiCAD 软件中剖面图只是一个剖出的面，与模型没有关联，移动剖面图中管线的位置，平面图中管线不会联动，所以当调整好剖面图管线位置时，需要在各专业平面图上根据新的剖面图管线位置移动平面图对应的管线，之后更新生成新的剖面图。

当主管道方案确定后，调整的过程要形成汇总报告，例如标准层调整问题汇总，并与业主方沟通管廊排布方案，确定吊顶标高等问题，无误后，建模人员在此基础上继续完善细化模型，让模型的精度更高，如绘制分支，添加各种设备等，同时向业主确认并从现场搜集已定设备的尺寸。

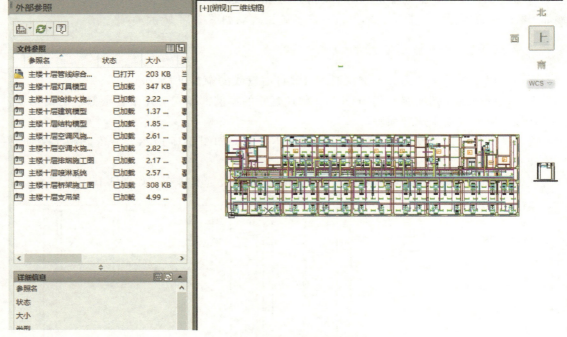

图 3-17　调整后的管线综合图

3.3.2　设备具体尺寸的确定

在很多项目中，由于施工阶段很多设备随着施工进度逐步招标进场，在进行管线综合设计时，设备还未进行招标，无法确定具体的设备尺寸，此时需要根据经验选择同类型中较大的设备尺寸来考虑安装空间。如果安装空间宽裕，一般没有问题，但如果安装空间小，而最终确定的设备尺寸较大，往往会造成后期施工困难。

模型细化后，调整分支管道，最后绘制喷淋支管及确定喷头的位置。

该项目喷淋头的位置虽然在图纸中有标注，但是管廊喷淋头的排布在满足喷洒范围的前提下是可以调整的，此时喷淋系统模型可以构建到分支管道，最后根据装修的天花图来定义喷头的具体位置，如图 3-18 所示。同样的道理，在有吊顶的房间也要根据吊顶的天花图确定其位置，而不是根据设计施工图直接绘制，不符合要求时再去调整。

走廊喷头要放置在顶棚的中间位置，这样装修后的视觉效果较好，所以在天花图没有确定之前尽量不要绘制喷头，当拿到装修的天花图后，根据天花图来确定喷淋支管和喷头的最终位置。在现场施工时，很多施工队伍不去考虑喷头在顶棚的具体位置，所以当走在装修后的走廊里，看到喷头被安装在两个顶

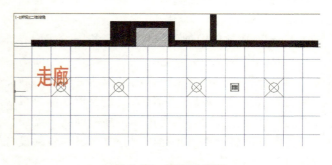

图 3-18　管廊天花图

棚缝隙位置的时候，就能大致确定这个施工企业的技术水平了。

3.3.3　施工图

当模型细化后，就可以利用模型生成平面施工图、剖面图、预留孔洞图、支吊架安装图等施工图了。目前，BIM 软件在生成二维施工图时，部分信息不能自动生成，还需要设计人员手工标注，当然随着软件功能的增强，需要的工作量在逐步减少。

图 3-19 所示为该项目通风系统平面施工图。

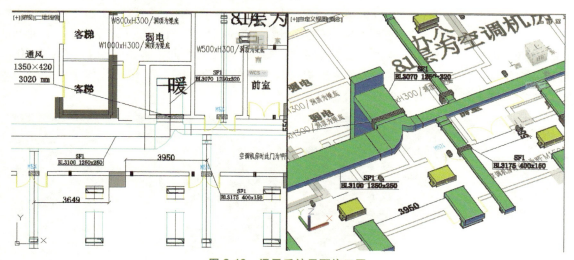

图 3-19　通风系统平面施工图

图 3-20 所示为该项目预留孔洞图。

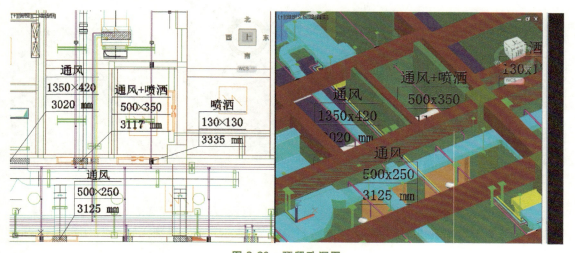

图 3-20　预留孔洞图

出图时每个楼层的图纸都要装订成册，图纸中会签栏，版本号等都要体现。因为机电系统安装施工过程中设计变更较频繁，多次调整容易造成版本混乱。文件版本更新方式可以在整个项目建立建模标准时约定好。

3.4 BIM 应用总结

本章主要利用一个相对简单的办公楼标准层机电安装工程案例，初步介绍 BIM 技术在机电安装工程应用的过程，从建模标准的制定、建模过程中的注意事项、管线综合调整的方法到利用模型出施工图。

在这个项目中 BIM 技术主要的应用点为：

（1）管廊标高的确定　因为该项目中吊顶标高是业主最关心的问题，在施工前如何保证管廊标高满足业主要求是设计的核心问题，设计人员通过建立模型，并进行管线综合排布后确定最终的标高，通过与业主、设计院和施工人员的反复协商，最后定义标高为 2800，得到业主的认可，避免了后期施工产生影响吊顶标高的问题。图 3-21 所示为该项目走廊位置效果图，图 3-22 所示为该项目办公区域效果图。

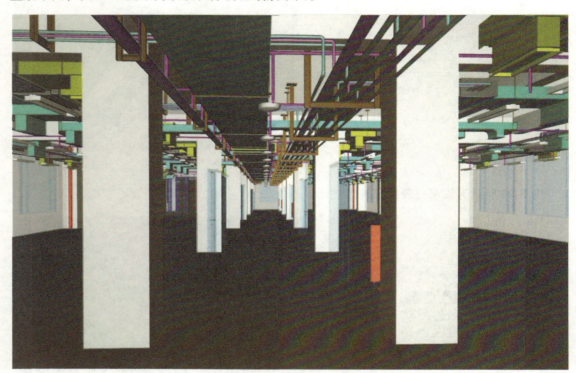

图 3-21　走廊位置效果图

（2）利用 BIM 提取工程量　施工过程中，通过对模型的逐步完善，最终得到竣工模型，并利用 BIM 软件直接生成 BIM 工程量，通过与预算量的比较，得到工程量对比数据，为成本控制提供依据。

通常 BIM 提取的工程量和预算量是有一定的差距的，因为两者统计规则不同，例如管道系统插入阀门后，所替代的这一段管道在 BIM 中是不统计的，而在预算量中是统计的，BIM 提取的工程量中，阀门、弯头的数量比预算量更为准确，因为其反映了管线的实际走向。现在很多项目已经依据 BIM 提取的工程量来采购阀门、弯头等构件。表 3-2 所示为该项

图 3-22 办公区域效果图

目通风系统 BIM 提取量与预算量的材料对照表。

表 3-2 通风系统材料对照表

范围	主楼十层送风管道系统		BIM 提取量			预算量	
类别	尺寸	系列	数量	长度/m	展开面积/m²	数量	长度/m
风管	250×160	矩形风管		5.9	4.744		7.0
风管	320×160	矩形风管		1.9	1.717		2.0
风管	400×150	矩形风管		54.2	59.664		57.0
风管	500×160	矩形风管		13.4	17.482		15.2
风管	500×200	矩形风管		7.2	10.072		7.6
风管	800×200	矩形风管		152.1	304.270		152.1
风管	1000×200	矩形风管		13.6	34.075		13.2
风管	1250×250	矩形风管		27.7	83.193		28.1
风管	1250×320	矩形风管		5.9	17.550		5.4
弯头-30	160×250		1		0.088	1	
弯头-30	160×320		2		0.198	2	
弯头-30	160×250		1		0.088	1	
弯头-90	250×160		1		0.400	1	
T-连接-90	1250×320/500×320 /1250×320		1		6.600	1	
出口	250×160		2		0.099	2	
出口	320×160		2		0.247	2	
出口	400×150		25		1.237	25	
变径连接	500×320/500×200		1		0.480	1	

机电安装工程 BIM 实例分析

（续）

范围	主楼十层送风管道系统		BIM 提取量			预算量	
类别	尺寸	系列	数量	长度/m	展开面积/m²	数量	长度/m
变径连接	1250×320/1250×250		1		1.500	1	
变径连接	1000×200/500×160		1		1.500	1	
变径连接	1250×250/1000×200		1		1.800	1	
端堵	400×150		12				
端堵	500×160		1				
端堵	500×200		1				
端堵	800×200		204				
送风设备	400×150	大风口 2	14			14	
送风设备	800×200	百叶 800×200	60			60	
回风设备	800×200	大风口	60			60	
风量调节阀	400×150	调节阀 400×120	2			2	

· 40 ·

第4章

制冷机房设备安装及综合管线分析

在一般的机电安装工程项目中，制冷机房、消防泵房、生活水泵房复杂程度相对较高，其中尤其以制冷机房更为复杂，若能够利用 BIM 技术将此类工程的设备安装及综合管线做好，解决工程施工中常见的"错、漏、碰、缺"等问题，配合设计单位调整优化设备布置及管路排布，达到设备布置整洁大方、管路整齐美观、空间利用率高、检修空间充裕的目的，是体现 BIM 技术在机电安装工程中价值的一个亮点。

不同制冷机房的工作原理基本类似，项目规模的大小、冷水机组的台套数决定了制冷机房的复杂程度。需要特别注意机房空间的大小，如果空间大，设备密度小，设备安装及综合管线分析相对就容易；如果相对空间比较小，设备、管路密度大，设计人员设备布置及综合管线分析的能力对最终工程效果的影响会比较大。

并且，BIM 技术在较复杂的机电安装工程项目的投标中，应用价值有很好的体现，本书第 2 章中也讨论了 BIM 技术在机电安装工程投标中的应用，如果在投标阶段，利用 BIM 技术把制冷机房设备布置及管路排布的三维效果用图片及视频的方式展示出来，也是很好的一个应用点，它能够把设计和施工方的管线综合能力及 BIM 技术应用的一些细节如碰撞检查、复杂节点安装工序的过程演示出来，便于业主对设计及安装方案的理解。目前很多大的安装企业不仅利于 BIM 技术进行投标，而且开始利用 BIM 技术建立的工程模型进行部分管件、附件的预制加工，现场组装，大大提高了安装精度和安装效率。

4.1 项目概况

本章选取了三个有代表性的案例，探讨 BIM 技术在制冷机房设备安装及综合管线分析中的应用。

1. 案例一

该项目为某能源中心地源热泵系统的泵房安装工程。地源热泵系统以土壤作为换热源，利用地下土壤温度常年恒定的特点，冬季地源热泵系统可以将土壤中的热量交换提取出来，补充到空调系统循环水中，达到取暖效果；夏季地源热泵系统与冷却塔并联，地源热泵系统与冷却塔热泵系统共同将多余的热量传递到土壤中，降低空调水系统的温度以达到给室内制冷的效果；过渡季节制冷时地源热泵系统与冷却塔串联，使建筑多余的热量通过冷却塔散发到空气中，以保持土壤的热量平衡，不影响系统运行的稳定性。一个年度形成一个冷热循环周期，实现节能减排的功能。该项目泵房面积为 2200m²，单层建筑，层高为 6800，主要包含 1200kW 螺杆式地源热泵机组两台，2600kW 离心式冷水机组两台，冷热水泵共 17 台，虽然建筑层高比较高，但是该项目中电气桥架层数较多，同时还有 1800×630 的排烟管道，所以初步排布后，空间不是很紧张，但也不是很宽松。因为是投标项目，BIM 建模、处理时间为 1 周，在保证 BIM 模型准确、美观，能够展示整体设计方案的基础上，建模速度要快。

该项目招标时，招标书对 BIM 技术的应用有明确要求：

BIM 技术方案，分值为 8 分。

BIM 技术方案至少包括以下内容：专业技术人员配备；专业技术模型建立，并随项目进展，提供模型下的进度形象；具有完备的工程量、材料计划、节点大样、项目情况检验及项目运营智能管理等信息。

在 BIM 技术基础上实现地源热泵系统与其他专业的碰撞检查、施工顺序关联、工程量统计、标高检查等功能，以及施工过程中提供项目管理优化服务，竣工后向招标人提供整套 BIM 竣工资料，该资料需满足项目的智能运营管理需要，并负责对招标人指定的项目运营管理人员进行基于 BIM 技术的运营操作培训。

BIM 技术方案需用视频展示（投标人无需现场演示）。视频格式采用 MP4 或 AVI 格式，采用 U 盘存储。投标人自行负责 U 盘中的相关数据内容读取及安全性，单独密封，开标截止时间前现场递交。其中特别强调：BIM 视频内不得出现任何企业的名称、图标及人员等可以明确或间接了解企业或人员的各类信息，否则按废标处理。

2. 案例二

该项目为某万达广场地下室的商业制冷机房，该制冷泵房建筑层高为 5150，包含三台 4570kW 的变频离心式冷水机组，冷冻水泵和冷却水循环泵各 3 台，该项目应用 BIM 技术主要目的是为了指导现场施工。该项目的难点是分集水器连接的进出水管数量大，怎样才能保证进出水管所在管廊部位的标高达到业主要求（该案例分集水器区域的管路走向平面图如图 4-10 所示）。

3. 案例三

该项目为某商业建筑的制冷泵房，该泵房规模比较小，包含 1 台地源热泵机组，1 台冷水螺杆机组，7 台水泵。该项目的特点是泵房为不规则的异形房间，对于这种异形房间，设备的布置要特别注意空间利用率的问题，管线排布时要考虑弯头、夹角尽量标准化以便于施工，虽然项目本身不复杂，但是不同方案对最终的安装效果影响很大，所以能让业主满意也是不容易的（该案例的系统平面图如图 4-13 所示）。

4.2 机房建模的关键点分析

制冷机房看起来设备繁多、管线复杂，很多初次接触此类项目的设计人员在进行建模时常常感觉无处下手，但只要在建模过程中掌握规律，相对来说就不是很困难。作者通过自己的经验，总结了如下几个关键点。

4.2.1 空调冷冻水管、冷却水管的分层排布

制冷机房设备的密度通常是比较大的，要想使设备安装后的机房空间看上去比较开阔、整齐，在管线排布的时候其层数不能太多，通常是两层，一般不超过三层，否则如果机房标

高不是特别高，会使安装后的管底标高过低，让人感觉空间压抑。但是管底标高也不能过高，否则今后的检修、维护等工作会很不方便，一般安装后的管底标高控制为 2200～2500。某能源中心地源热泵系统的泵房管路两层排布效果如图 4-1 所示。

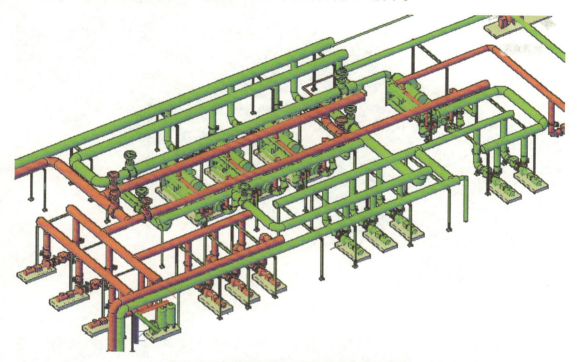

图 4-1　某泵房的冷冻水管和冷却水管排布图

横向管道的管底标高统一为 3200，纵向管道的管底标高统一为 2300，管线这样布置的优点一是便于应用综合吊架，二是便于主管道的安装，整体效果层次感强。

因为泵房中还要布置桥架、排烟风管、送风管、喷淋消防管道等，因此，合理控制管道的层数会使管线不繁杂，且整体感强，该泵房管线综合排布如图 4-2 所示。

图 4-3 所示是该泵房管线综合排布效果图，设计人员在排布时综合考虑桥架、通风管路、冷冻水管和冷却水管的分层情况。这样做使桥架、风管、水管各专业都具有自己的空间层，既便于安装施工和后期的维护，也使机房内的复杂的管线看上去整齐美观。

4.2.2　水泵管路构件的连接

在 BIM 建模过程中，管道的建模相对比较简单，而管路构件的连接是机房类项目中比较复杂的部分，主要问题有两个：一是设备族的问题，管道上安装的设备、阀门比较多，如何选择合适的产品；二是管路构件在管道上如何准确的定位。只要处理好这两个问题，管道连接、管道与设备的连接就比较容易了。

要提高建模速度，项目经验和产品库的积累是很重要的，在使用 Revit 软件建模过程中，产品族库是直接从文件中选择的，所以如果应用 Revit 软件建模，设计人员首先可以建立一个针对机房设备的族库，若是在投标阶段应用，因为相关产品具体参数还未最终确定，并不需要太多的设备信息，只需要将类似的产品安装到管道上即可。例如蝶阀，建立几个常

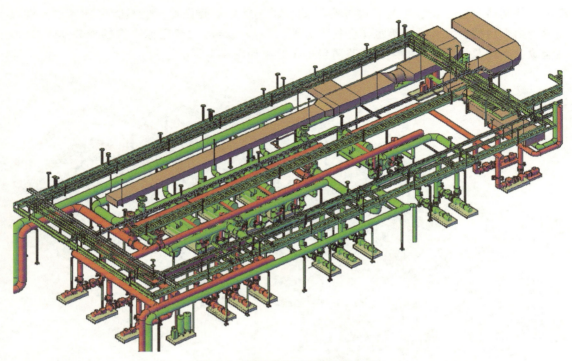

图 4-2　某泵房的管线综合排布图

图 4-3　某泵房的管线综合排布效果图

用的蝶阀类型，根据不同要求选择就可以了，这样建模效率会大大提高。只要做机房
类设计，就从相应机房设备族产品文件夹中选用即可。即使在指导实际施工的项目中，
也可以通过每一次的建模过程定义产品，每一次定义或者建立产品模型都是为今后工

程所做的积累。产品库的内容会越来越丰富，当面临一个新项目的时候，建模速度会有很大的提高。

如果是应用 MagiCAD 软件建模，就可以充分利用 MagiCAD 软件的项目管理文件功能，专门做一个用于机房类项目的管理文件，把常用的阀门、构件都通过产品库选择添加到该项目管理文件中，每次做同类项目可以直接引用该项目管理文件，这样积累久了，调用设备、构件和阀门就会越来越方便。MagiCAD 软件项目管理文件如图 4-4 所示。

图 4-4　MagiCAD 软件某机房类项目的项目管理文件

在该项目管理文件中把机房常用的设备构件按顺序放入常用产品库中，每次建模都可以直接调用。MagiCAD 软件有个优势，就是一个产品通过设定规格参数可以适应不同尺寸的管道，不需要根据管道的尺寸再去选择不同的构件，如图 4-5 所示。

对于水泵与管道连接的绘制及设备阀门的插入问题，需要特别注意的是：因为二维图的局限性，设计院在设计的时候，无法绘制出全部设备、阀门。所以，BIM 模型技术的初学者要注意，无论任何时候建立模型，设计院给出的二维平面图只是一个参照，一定要遵循原理图进行设计，在建立 BIM 模型时，阀门、构件等在二维平面图上有的要建模，二维平面图上没有而原理图上有的，也要建模，避免遗漏。如果不能通过原理图充分理解设计意图，是不容易做到这一点的。

图 4-6 所示是某能源站水泵连接处的原理图，图中 1~3 号泵的设备连接方式相同，假如设备基础及主管道模型建立完毕后，建立管路模型的时候只需要建好一个，其他的两个复制即可，而不是分别建立模型，这样可以保证三台水泵与管道的连接整齐统一。根据原理图建立的三维模型如图 4-7 所示。

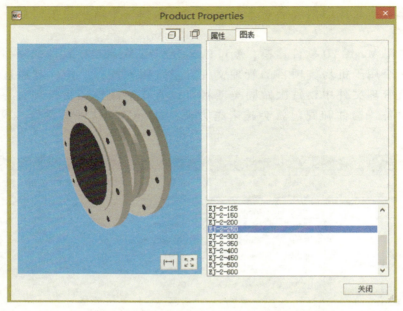

图 4-5　MagiCAD 软件中的产品库型号规格选择

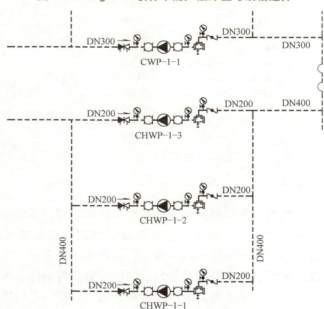

图 4-6　某能源站水泵连接处的原理图

4.2.3　冷水机组管路构件的连接

在机房项目建模时要注意冷水机组与管路构件的连接，对于冷水机组来说，要特别关注进出管口的接口位置。一般初始设计的时候，设计院只是给出设备的基础参数，用来供建设方招标。如果在设计时设备具体型号还没有确定，在建立初模的时候可以先用设备库中的类似产品，依据原始图纸设计的设备参数选择相近的设备进行布置。如果设备已经招标，设备

图 4-7　某能源站水泵连接处的三维图

具体型号已经确定，必须要按照具体设备的相关参数建立模型，这样才能确保与实际安装对象相吻合。因此在指导施工时，制冷机房建立的初步模型一定要根据设备到位的具体情况，重新校核连管定位位置。

图 4-8 所示为某冷水机组与管道连接处原理图。目前从事 BIM 建模的工程师并非都是暖通专业的，但是 BIM 建模时对系统原理图必须有深入的理解，这样建立的模型才能保证准确完整。有时仅仅依据设计院的二维平面图是不能完整表达整个系统的，建模时要二维平面图结合系统原理图进行分析，这样建立的 BIM 模型出现"错、漏、碰、缺"的概率比较小。所以，要建立一个准确完整的机电系统 BIM 模型，前提是建模人员必须对其中包含的专业系统工作原理有较深入的了解，而不仅仅是停留在能看懂图的层面上。图 4-9 所示是根据图 4-8 机组与管道连接处原理图建立的三维模型图。

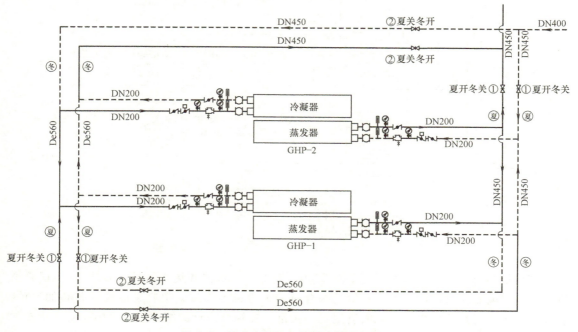

图 4-8　某冷水机组与管道连接处原理图

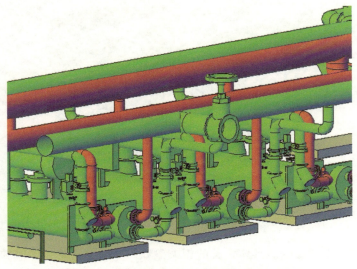

图 4-9 某冷水机组与管道连接处三维模型图

4.2.4 分集水器进管和出管的连接及标高设定

分集水器区域是进出水管的连接处，管道通常比较密集，在进行管线排布时，分集水器区域管道的标高通常决定了空调水管所在管廊处的标高。此时要特别注意出水管走向的布置，下面以某万达广场地下室商业制冷机房的设计建模过程为例做进一步说明。图 4-10 所示为该商业制冷机房分集水器区域管线平面走向图。

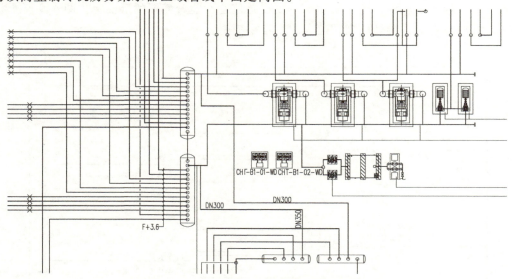

图 4-10 某制冷机房分集水器区域管线平面走向图

该项目为地下一层，管底标高要求 2500。图中在分水器和集水器处，多达 20 多根管道进出，进出前后又有走向交叉，在管线综合时如果考虑不细致，很容易造成管路叠加严重，管底标高不能满足业主要求，同时管道走向杂乱。在综合设计的第一版方案中，管线排布如图 4-11 所示。

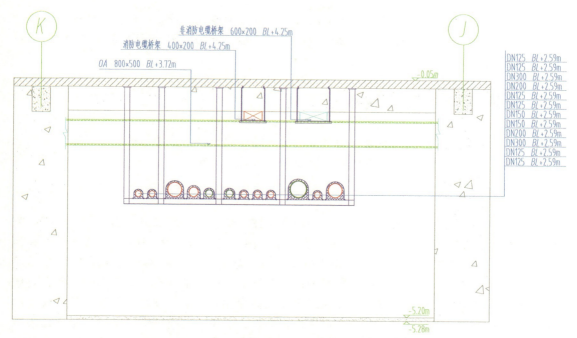

图 4-11　某制冷机房第一版管线排布剖面图

对于该剖面图，管线标高设计得偏低，而且分水器和集水器的管道走出一定距离后，通常要根据各自的功能进入不同的区域，同时要保证在管廊区域的净高满足业主的要求，该方案中管道单层设计，当需要改变部分管道的走向时，就会产生交汇。

新的设计方案，管道分成两层排布。设定的管底标高分别为 3350 和 2850 ，如图 4-12 所示，从交汇处走向不同区域时，再进行下一步标高的设定。

该方案使管底标高整体提高了近 300，当然在进行设计时，同时要考虑对其他专业的影响。

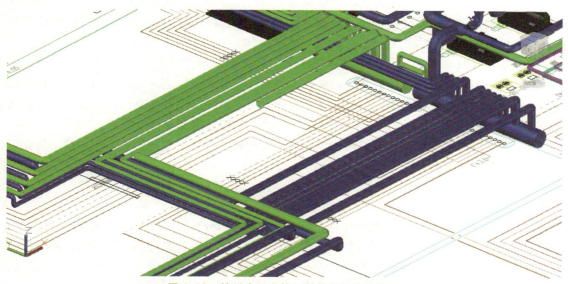

图 4-12　某制冷机房第二版管线排布三维图

在确定制冷机房分集水器管道进出标高时，要重点考虑其对管廊区域标高的影响，这是设计者应当特别注意的一个地方。管廊区域的综合管线排布方法及步骤在第 5 章重点介绍，在此不深入探讨了。

4.3 机房模型的建立过程

下面，以某商业建筑的制冷泵房为例说明机房的建模过程。该项目的特点是泵房为不规则的异形房间，设备、管线排布方式对安装效果有较大的影响。

4.3.1 平面图、原理图分析

设计人员对项目建模之前，要尽可能多的搜集建模依据。如果已有工程的初步模型，需要依据平面图及原理图对模型进行核对，无"错、漏、碰、缺"等问题后，再去调整和深化模型。若只有设计院的二维图，对 BIM 技术应用比较熟练的工程师，通常在熟悉二维图的基础上，一边看图一边建立模型，同时加深对系统原理的理解，在三维模型的基础上再做深化设计，采用这种工作方式，要比先在二维图上做深化设计后建立三维模型、核对模型然后再调整模型所用时间要少。本书第 3 章中也提到过，建模时需要把握一个度，也就是模型建立到什么深度，这取决于该阶段利用模型做什么样的工作。而不是一次将模型建立完整。很多设计人员喜欢先建立完整的模型，再做碰撞检测，再调整深化模型，此时因为模型信息量大，模型调整的效率会受到影响。

首先分析一下该项目二维平面图，如图 4-13 所示。

该项目为两台水冷螺杆机组，不规则房间，在一般项目中，常用的弯头是 90°和 45°。30°和 60°弯头通常需要定制，所以在建模时尽量少用，但是该项目中因为不规则的房间形状影响，从平面图中可以看出有较多非标准弯头。

该项目的原理图如图 4-14 所示。

分析原理图的目的是为了深入了解该制冷机房的工作原理，在建模时，原理图是必须参考的依据。有的项目，基础图纸只有原理图，高水平的 BIM 工程师，是可以按照原理图和建筑图进行系统设计与建模的。

机电系统 BIM 模型的建立涉及的专业通常很多，建模时并不是学哪个专业的就只做哪个专业。对于不熟悉的专业，容易犯漏和缺的错误，因此在建模之前应当按照原理图把平面设计图中的设备和管路核对一遍。例如，在此案例中，从冷却塔到水泵再到冷凝器，其原理图如图 4-15 所示，其平面图如图 4-16 所示，将其设备和管路走向一一核对。

核对后，就能了解每一根管道的起点、终点的位置，及该管道的作用。在建模和深化设计时才能做到心中有数。

4.3.2 主管道建模

深入理解图纸后，将机房内所有的不同专业的图纸拆分出来，就可以开始分专业建立模型了。模型建立前，首先看建筑的梁低标高，以便对主管道的标高做初步的设定，并考虑如何留出空间排布喷淋、风管和桥架等系统。对于初步模型的建立，若二维设计图比较详尽，也可以先按照设计图的标高建立模型，若碰撞检测出现问题时再做调整。

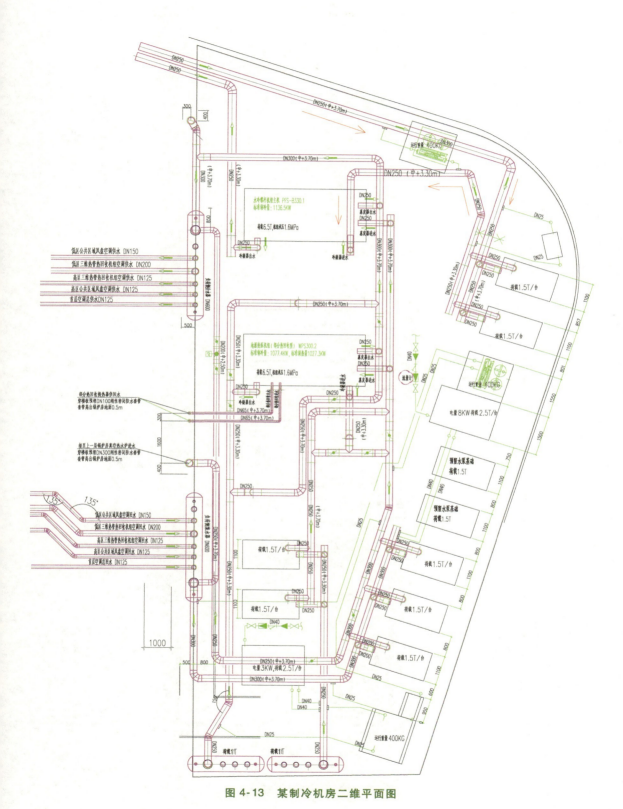

图 4-13　某制冷机房二维平面图

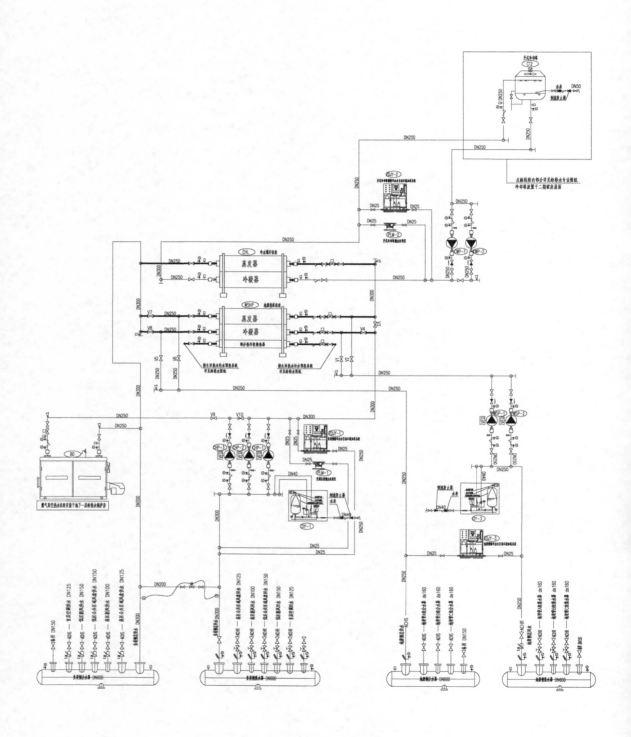

图 4-14　某制冷机房原理图

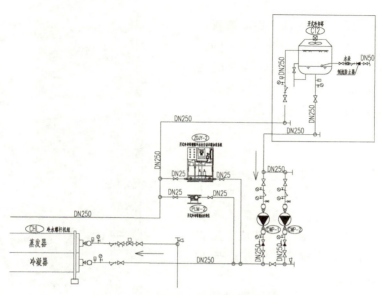

图 4-15　某制冷机房原理图局部

图 4-16　某制冷机房平面图局部

制冷机房的建模次序通常首先是根据设计给出的标高绘制设备基础，之后是主管道建模，先不要添加管道阀门等附件，然后放置冷水机组，机组位置确定后，再分析主管道的排布情况，确定主管道分为几层。因为此时支管、管路附件尚未建模，所以模型调整起来比较方便。在该项目中首先按照设计院的平面图对泵房进行建模，效果如图 4-17 和图 4-18 所示。

以此作为第一版方案与业主进行沟通。业主分析该方案后提出：此方案中虽然水泵的走向与墙体是垂直的，但是由于房间形状不规则，使水泵轴线有横的、有斜的。造成管道走向不整齐，非标准弯头比较多，管路走向杂乱，不美观，总体效果不好。

针对业主提出的问题，对该泵房的设备位置及管线的走向重新做了调整，让设备轴线垂直于一侧墙体，排布相对整齐，效果如图4-19所示。

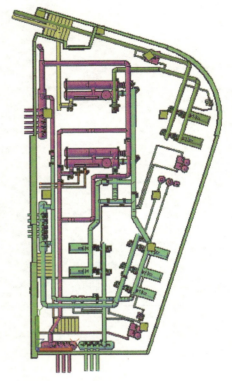

图 4-17　某制冷机房初模俯视图

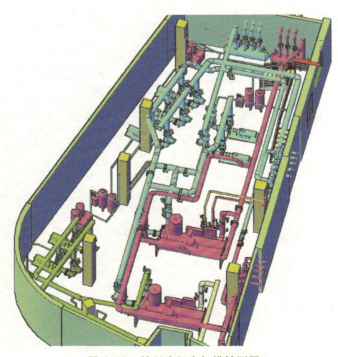

图 4-18　某制冷机房初模轴测图

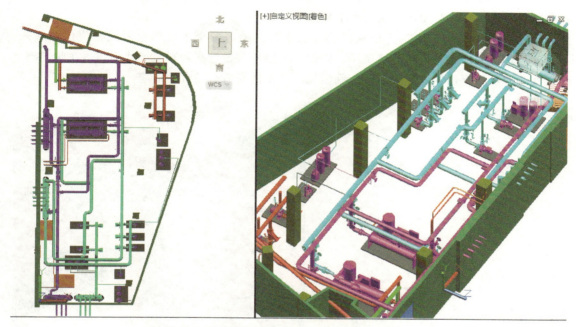

图 4-19   某制冷机房调整后的三维模型图

此方案中设备轴线在机房内是同一个方向，设备、管路整齐美观。管道分两层排布，并尽可能地让管路中减少非标准弯头。

制冷机房的深化设计，不同的设计人员有不同的思路，BIM 建模工程师一定不要受初始设计图的局限，要敢于修改、敢于优化，只要所建立的模型符合系统原理要求、布局美观、管线走向合理，满足甲方对空间、标高等方面的要求即可，制冷机房的建模效果是比较能体现一个 BIM 工程师深化设计水平的。

4.3.3   设备布置

当主管道设计、建模完毕后，开始按照新方案来布置设备，设备建模尽可能以现场的实际设备参数为依据，但是，很多项目建立模型时，设备还没有完成招标采购，因此，就要尽可能地依据基础参数，选择大一点的设备进行建模和定位，设备招标后，得到设备的具体尺寸参数，再去调整模型。

4.3.4   管道构件连接

管道构件连接部位的建模，作者通过工程实践，总结了两个技巧：

技巧一：在设备与主管道连接的时候，设备出管或者入管的构件连接是比较麻烦的地方，但是制冷机房的原理基本差不多，最常见的是冷水机组出水管、进水管，以及水泵的出水管、进水管共四

图 4-20   某型水泵进出水管构件图

大类型，将常用的这四大类作为整体建成模块化的构件。根据水泵的类型，如卧式泵、立式泵等，再做出不同的小类型，放入构件库中，每次需要的时候直接从构件库中调用，这样会大大提高建模的效率。图 4-20 所示为某型水泵进出水管构件。

图 4-20 中的两段管道为进出水泵的两根水管，把这两个水管单独做成模块保存起来，下次遇到这样的水泵就可以直接调用，即使构件型号、数量或者管道尺寸不同，在此基础上略做修改即可，管道的直径变动时，阀门规格会根据管道直径自动适应。

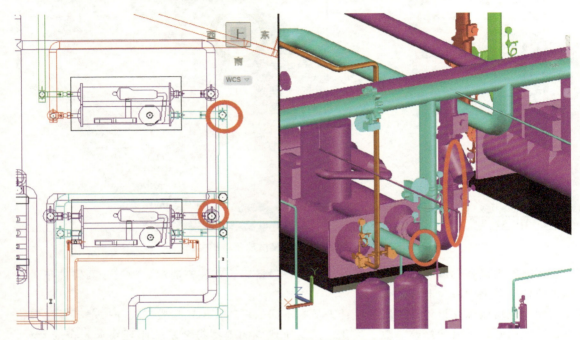

图 4-21 某冷水机组进出水管初步布置图

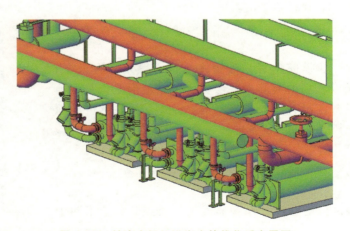

图 4-22 某冷水机组进出水管优化后布置图

技巧二：冷水机组和主管道的横管相连时，管道排布通常比较紧密，有时甚至会碰到多根进出水管集中在一起。如果管道从设备水平出管，然后垂直向上连接主管，会占用比较大的空间，如图 4-21 红色区域所示，效果不是很好。因此可以让连接主管的立管齐平，虽然多用几个弯头，但是整体效果更好，低位空间占用少，效果如图 4-22 所示。

4.3.5　剖面图和平面图

当所有的专业管线建模完毕后，要进行专业间的综合碰撞检测，确保所有碰撞点都处理完毕，最后通过软件生成关键部位的剖面图和平面图，关于出图问题会在第 6 章消防泵房设备安装及综合管线分析相关内容中做详细描述。

该项目的管线综合效果如图 4-23 所示。

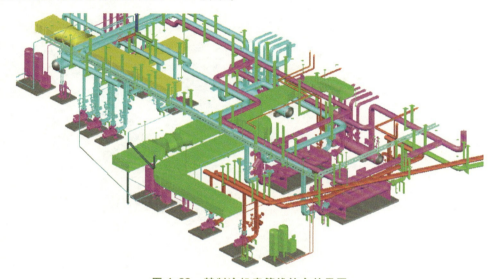

图 4-23　某制冷机房管线综合效果图

4.4　制冷机房 BIM 应用总结

对于制冷机房的综合设计，不同的 BIM 设计人员有不同的做法，但是最终目的都是解决"错、漏、碰、缺"等问题，避免返工，便于安装检修，达到合理利用空间的目的。

因为制冷机房管线比较集中，设备、管道和构件密度大，造成安装工序繁琐。通常泵房有独立空间，机电系统相对完整而自成体系，所以在投标阶段能很好地展示 BIM 技术的优势，如管线综合、碰撞检测功能，复杂节点施工工序的模拟等，能将设计方案比较直观地展示出来，非常有利于业主对方案的理解。

业内人员通常认为，机电安装工程比较关键的是三个区域：泵房、管廊与管井。BIM 技术具有的三维设计能力在对这些设备、管线比较复杂密集、业主要求比较高的区域进行综合优化时，相对传统设计方法，优势明显。

在实际施工中，泵房的施工工期往往是比较紧张的，并且泵房的管道管径相对较大，管材连接往往需要焊接作业，一旦安装就难以拆卸，每个施工队伍都希望能一步到位，避免返工。传统的深化设计方法是在二维平面图基础上进行排布，并利用剖面图设定管线的标高，这种方式处理相对简单的主管道走向和排布是可行的，对于支管通常需要在现场灵活处理，安装效果依赖于施工队伍的经验。随着业主对空间利用率要求的提高，泵房等设备区管线密度增加，基于二维图的管线综合方式越来越难以保证后期施工要求，频繁的工程变更不但影响安装工期、增加施工成本、最终安装效果也难以令业主满意。

利用 BIM 技术，业主能够在施工前直观地看到整个现场安装后的效果，利用软件的碰撞检测功能，发现问题，提前处理。特别是有些制冷泵房，不同的排布方案对最终的安装效果、施工成本影响很大，利用不同方案的 BIM 模型不仅可以比较设备布置的合理性，也可以通过 BIM 模型提取工程量，对比不同方案的安装成本，为业主、设计方和施工方进行决策提供可靠依据。

第5章

某公共建筑管廊区域综合管线分析

在公共建筑或宾馆酒店的管廊区域，通常设计有吊顶，所以标高的控制是关键点，当建筑层高较低，管线又比较多，往往会造成排布困难的情况。而医院、办公楼、商场项目通常会对吊顶标高有严格的要求，特别是商场的吊顶标高，因为考虑店面后续的精装修，吊顶标高的要求更是严格。

在对管廊区域的机电系统建立 BIM 模型时，最常碰到，也是最难解决的就是管廊吊顶标高问题，为了满足业主对标高的要求，管廊区的管线排布方案通常需要多次调整。本章通过某公共建筑管廊区域综合管线的案例，探讨管廊区域机电系统的建模、综合管线与指导安装施工的过程。

5.1　项目概况

该项目为某公共建筑，特点是包含专业多，系统复杂。其中给排水系统包括污水排水系统、虹吸雨水排水系统、消火栓给水系统、自动喷淋给水系统、高压细水雾灭火系统及气体灭火系统等；通风空调系统包括集中式空调系统、多联机空调系统、送排风及防排烟系统、空调水系统等；电气系统包含动力系统、照明系统、FAS 系统及 BAS 系统、信息及通信系统等，每个系统都是多路桥架，设计标准要求高。该项目工期比较紧张，为了确保安装一次到位，整个项目全部采用 BIM 技术进行建模和深化设计，最终出施工图用于指导施工。

该项目最关键的问题在于如何满足每一层的吊顶标高要求。最初，业主要求楼层吊顶标高要达到 3000。在建模过程中，基本上每一层都发现无法满足吊顶标高要求，主要问题是管廊区域的管线比较多，管廊安装空间严重不足。一般此类项目楼层建筑高度很难调整，因此要求管线排布方案精益求精，建模进度很受影响。

通过建模过程发现，业主对楼层吊顶标高 3000 的要求是无法满足的，经过反复调整，多次和设计方、业主进行沟通，最终确定吊顶标高为 2700。

5.2　BIM 建模思路

该项目在机电系统 BIM 建模之前，首先确定了总体实施思路：依据原始设计资料，建立初步模型，通过初步模型，校核设计中存在的问题，特别是影响标高的问题。分析问题产生的原因，同时提出更改建议，进行第一次由业主、设计方和施工方三方组成的协调会，进行沟通。三方就相关问题，制订解决方案。然后 BIM 建模组对初步模型进行调整、细化，再进行第二次三方会议进行沟通，确定无误后，三方签字认可，BIM 建模组在模型的基础上出施工图指导施工。实践证明，这种模式沟通效率高，工作进程流畅。应当特别注意的是，在每次进行三方讨论前，BIM 建模组应对业主、设计方可能提出的问题进行预估，并准备多套针对性的方案，以备讨论，从而提高会议效率。

该项目总体进度安排是：项目建筑面积约 3 万 m^2，土建进场的同时 BIM 小组开始建模，建模工程师共 3 人，完成全部楼层的初步模型，时间约为 2 个月，此时土建刚好开始地下基础的施工。第一次三方会议讨论后，初步模型方案优化及模型细化时间为 2 个月，出图时间为 1 个月，合计建模工作时间为 5 个月。后期具体设备构件模型及信息注入时间随工程进度进行，施工完成后形成竣工模型。

5.3　BIM 模型建立的过程

下面，以该项目 1 层的机电系统 BIM 模型建立过程为例，探讨一下该类项目的建模过程。图 5-1 所示为该项目 1 层建筑平面图。

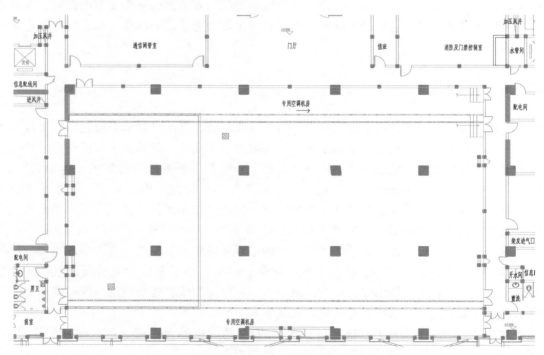

图 5-1　某公用建筑 1 层建筑平面图

该楼层高度为 5400，结构标高 4800，梁高度为 700，所以最大梁底高度为 4100，管廊区域吊顶标高要求为 3000，门厅吊顶要求 4700。该区域电气专业包含动力桥架、信息桥架、BAS、通信桥架；暖通专业包含空调水、多联机、排烟、排风、送风系统；给排水专业包含气体灭火、消防、喷淋、给水、污水等系统。

因为是多人协作建模，在总体思路确定后，首先是 BIM 建模标准的制定，关于此问题，在本书第 3 章已有详细的论述；其次是分工方式，多人协作建模时常见的分工方式有两种：一种是按楼层划分，每个人根据难易程度负责几层；另外一种是按专业划分。当总包负责牵头，各分包企业为主进行 BIM 建模时，常采用第二种分工方式。如果是以总包为主建模，并且参与工程的建模工程师实践经验比较丰富，建议按楼层划分，这样在项目工期比较紧张的情况下，可以按楼层推进，快速出建模方案，保证土建施工时能够及时提供预留预埋图。应当注意，预留预埋图未必要等到完整的 BIM 模型建好才出，只要主要管道排布方案已经确定，就可以出预留预埋图。该项目施工过程中利用机电系统的 BIM 模型很好地解决了预留预埋问题，使土建过程中预留预埋一次完成，施工效率高，也保障了施工质量。

多人按楼层分工的工作模式需要注意两点：一个是系统的命名规则必须统一，这样保证后期系统综合时的一致性；二是立管井的设计要提前核对方案，保证各楼层的衔接，与预留预埋问题相同，一旦土建施工完毕后发现问题，土建工程通常是不可逆的，处理起来比较麻烦。

在进行初期模型建立的时候，首先是对设计院的二维图进行拆分，形成分专业的参照图。若按照楼层分工，在建立项目管理文件夹时就可以按楼层划分专业的参照图，若按照专业分工，可以按照不同专业建立相应的参照文件夹，该项目是以楼层为单位进行分工的，1层项目管理文件夹中参照图纸的情况如图 5-2 所示。

1FBAS桥架参照.dwg	2016-03-02 6:16	DWG 文件	327 KB
1FFAS桥架参照.dwg	2016-03-02 6:16	DWG 文件	336 KB
1F动力桥架参照.dwg	2016-04-13 6:01	DWG 文件	368 KB
1F给排水参照.dwg	2016-07-27 1:03	DWG 文件	247 KB
1F建筑参照.dwg	2016-03-09 3:25	DWG 文件	527 KB
1F建筑参照图.dwg	2015-12-18 8:40	DWG 文件	896 KB
1F结构参照.dwg	2016-03-06 1:47	DWG 文件	203 KB
1F空调风系统参照.dwg	2016-09-01 8:50	DWG 文件	448 KB
1F空调水系统参照.dwg	2016-09-01 8:53	DWG 文件	152 KB
1F气体地板层参照.dwg	2016-09-01 9:23	DWG 文件	333 KB
1F气体工作层参照.dwg	2016-09-01 9:20	DWG 文件	236 KB
1F通信桥架参照.dwg	2016-04-14 8:54	DWG 文件	94 KB
1F通讯桥架参照.dwg	2016-03-11 9:13	DWG 文件	205 KB
1F消火栓参照.dwg	2016-03-02 5:45	DWG 文件	181 KB
1F自动喷淋参照.dwg	2016-09-01 8:56	DWG 文件	234 KB

图 5-2 某公用建筑 1 层分专业参照图纸

处理参照图纸时要注意原点的设置，通过处理参照图纸，可以了解管廊区域包含的各专业系统的情况。初期建模时，可以暂时按照设计院提供的管线综合图中管线的标高进行各专业模型的建立，首先依据主管道的情况进行建模，不要过多考虑支管，该项目管廊交汇处建立的模型图如图 5-3 所示。

图 5-3 某公用建筑 1 层管廊交汇处模型图

初模完成后，需要考虑管线综合的问题，细部的碰撞点可以先不考虑，在理解系统原理图的基础上，利用 MagiCAD 软件对该模型进行多角度多方位的审查，生成多个位置的剖面图，然后进行分析，此时即可看出原设计存在的问题。

问题一：

根据设计院资料，可知图 5-4 中黑色框内区域为消防控制室，根据相关规定，消防控制室内是不允许任何管道穿过

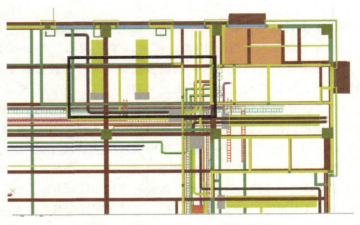

图 5-4　某公用建筑 1 层局部俯视图

的，图中绿色空调水管道和褐色气体灭火管道都穿过了消防控制室，所以必须要改变走向。初步解决方案是将空调水管道和气体灭火管道从立管井对走廊处的门上面出管，但经过排布，立管井这一侧空间有限，最多只能出喷淋管道和外径 DN350 和 DN150 的两根空调水管，无法排布气体灭火管道，所以该方案不可行。根据这种境况，BIM 建模工程师主动与设计方沟通后，采用了在消防控制室内靠近管井侧 1m 砌墙，将消防控制室分隔出一个区域，作为管道排布专用空间。当然，此方案的前提是不能影响消防控制室的功能，该方案的实施只能由设计方变更局部设计实现，施工企业和业主无权更改。此类问题提前发现，避免后期施工时发现后，因施工工期紧，方案选择余地小，一旦设计方不同意修改设计方案，施工将会受到很大影响。即使采用其他方案，再挖掘管线排布的潜力，常常会影响最终的安装效果。

问题二：

图 5-5 所示为初模建立后，某局部生成的剖面 A，通过对该图进行分析，可以发现原设计在剖面 A 处存在的问题：

1）原设计图中 5400 为建筑层高，而 1F 结构层高为 4800，故管线综合整体高度需要下调 600，吊顶标高图中设计是 3550，但按照该图的排布方式，实际吊顶标高应为 2950。

2）根据原理图及相关资料分析，设计院提供的平面图在该处存在管线遗漏问题：剖面 A 处缺少一根 200×100 的 BAS 桥架，缺少一根 DN150 空调回水管管道。

3）原设计院提供的平面图缺

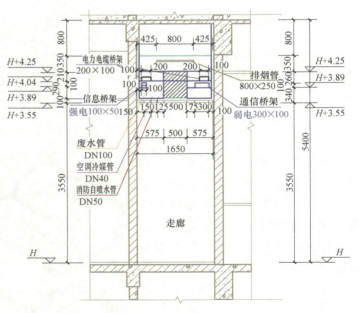

图 5-5　某公用建筑 1 层初模剖面 A

少全局规划，根据管线排布情况，此处应为管道交汇处，会增加 DN100 消防管道，DN150 空调水管道，还有横向穿过管廊的 DN150 空调水管 3 根管道，考虑施工空间及管道压力问题，此处管道必然要分成两层排布，应考虑增加 300 高的安装空间。

经过对此处管线系统模型排布的多次优化，因剖面 A 处的管线密度大，吊顶标高最大只能达到 2700。

另外一个剖面 B，如图 5-6 所示。

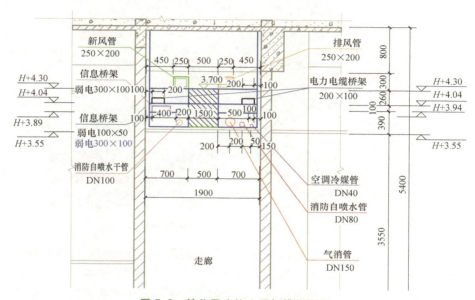

图 5-6　某公用建筑 1 层初模剖面 B

经过分析，剖面 B 处存在的问题如下：

1）原设计图中 5400 为建筑层高，而 1F 结构层高为 4800，故管线综合整体高度需要下调 600，吊顶标高图中设计是 3550，但实际吊顶标高应为 2950。

2）根据原理图及相关资料分析，设计院提供的平面图在该处存在管线遗漏问题：缺少 DN150 和 DN350 的空调水管道各 1 根。

3）原设计院提供的平面图缺少全局规划，根据管线排布情况，此处应为管道交汇处，应增加 2 根 DN50 消防水管道，故考虑管道根据专业分层排，增加 300 高的安装空间，同时在 B 剖面处，会增加 1 根 200×100 的 BAS 桥架，此处应考虑该桥架的安装空间，并避免空调水管道与该桥架碰撞。

因为剖面 A 与剖面 B 中存在的问题相似，下面以剖面 B 处的管线方案优化为例，说明方案调整过程。剖面 B 经过第一次 BIM 管线方案优化后得到的剖面图如图 5-7 所示。

图 5-8 所示为剖面 B 处的三维效果图，对于剖面 B 区域，新的管线排布方案

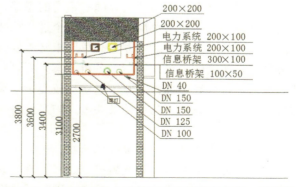

图 5-7　某公用建筑 1 层剖面 B 处管线排布第一次优化

说明如下：

1）该位置主要分层情况为：桥架分为为两层，电气桥架标高 3600，信息桥架标高 3200，因为该位置为管道交汇处，为避免过多翻弯及利于后期施工，管道分为两层，喷淋管道、风管在底层，标高 2800，消火栓及空调、气灭管道标高 3100，以便于翻弯。

2）该处的管线的标高决定了双向管廊吊顶的标高，最终吊顶标高确定为 2700。

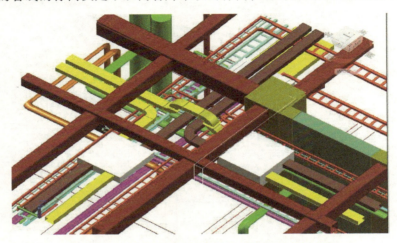

图 5-8　某公用建筑 1 层剖面 B 处管线综合效果图

在对机电系统的原理图充分了解的基础上，针对剖面图的分析可以发现设计院提供的平面图中管线排布问题，形成问题汇总报告，通过第一次三方协调会解决发现的问题。建议会议之前准备好问题汇总报告表，装订成册，每个问题后面均附带解决方案，并提出该方案对相关系统或参数的影响。协调会参与方对每个问题的解决方案达成共识，最后形成会议纪要，三方签字认可。

对于该管廊区域，可以通过对复杂节点处多做剖面图的方法逐一说明初始设计问题所在，在第一次 BIM 协调会时逐一提出，供三方参照，制订问题汇总报告表的目的是有针对性地去讨论问题，明确问题是什么，该处标高要求是多少？若不满足要求解决方案有哪些？这样对提高会议效率，切实解决面临的问题有很大帮助。

经过业主和设计方协商，最终确定 1 层管廊吊顶标高不能低于 2700，不能满足吊顶标高要求的区域，应对设计继续优化。此时应当集思广益，多请教有经验的工程师，因为对于机电管线综合方案，不同的设计师有不同的思路，或许某个工程师的方案就能满足要求。有时局部复杂区域需要多次反复调整，这个过程往往是比较枯燥和繁琐的。

要注意的是，有时新的方案、思路未必需要通过建立完整的模型，再分析是否合适，可以通过调整剖面图去想象模型，分析方案是否可行，如果感觉可行时再去调整模型，最终验证方案的可行性和合理性。对于系统比较复杂，设计方案难以一步到位的项目可以采用这样的思路。同时方案的深化设计既要考虑满足业主对标高要求，也要考虑施工要求及后期的操作及维护空间。

经过第一次协调会，明确问题所在，确定了解决方案，就可以开始第二轮模型的优化和方案细化。此时需要对各管线碰撞点进行处理，该翻弯的翻弯，该调整的调整。为什么建立初步模型时不要进行碰撞检测、翻弯调整？就是因为初步方案难免有较大的变动，如果在初步模型的基础上进行翻弯调整，而后期模型需要较大的变化，此时不管是什么软件，模型调整效率都会很受影响。

模型细化的主要内容是在主管线排布方案已经确定的基础上，对支管及设备进行建模和完善，这个过程主要考虑两个问题：一是完善支管；二是添加设备、阀门等附件。支管通常是从管廊进入房间，在此项目中，房间吊顶标高为 3000，为了便于支管进入房间，在管廊区域管线排布时把支管标高做在 3200 左右才能满足要求。要注意的是，初模建立的时候可以不建支管模型，但是进行管线综合排布时要考虑分支管道进房间所需的空间，否则主管道方案确定后再调整，比较麻烦，并会影响工期。因为分支管道的尺寸较小，安装施工比较容易，排布也相对简单。

模型细化时要考虑为土建方提供预留、预埋图纸的问题，首先是结构预埋，土建施工一般是先做结构框架，根据项目土建施工的进度，利用软件直接生成预留、预埋图纸，标注清楚即可，若土建施工进度较快，BIM 模型尚未细化完善时，也可以在已确定的主管道排布方案基础上先出预留预埋图，以减少后期土建工作量。

对于设备、阀门等附件，一定要考虑安装空间，因为如果预留安装空间过小，现场无法施工，方案基本上就不具备可行性了。但通常情况是，机电系统建立模型时很多设备还没有进行招标，设备的具体参数无法确定，所以只能按照设计资料中的基础参数，根据经验预估设备的尺寸，预估设备尺寸时应考虑一定的余量，即使这样，也常常会出现问题，此时建模工程师的经验对设计效果有很大的影响。表 5-1 所示是该项目暖通风机设备表。

表 5-1　某公用建筑暖通风机设备表

设备名称	风机编号	设计参数	产品型号	单位	数量	备注	外形尺寸
事故风机	SG-1-1	风量:8000m³/h,全压:200Pa	GXF-6A(1.5kW)	台	1	吊装	400×680×730
事故风机	SG-1-2	风量:8000m³/h,全压:200Pa	GXF-6A(1.5kW)	台	1	吊装	400×680×730
事故风机	SG-1-3	风量:8000m³/h,全压:200Pa	GXF-6A(1.5kW)	台	1	吊装	400×680×730
事故风机	SG-1-4	风量:8000m³/h,全压:200Pa	GXF-6A(1.5kW)	台	1	吊装	400×680×730
排烟轴流风机	PY-1-1	风量:10000m³/h,全压:400Pa	HIF-I-6.5 (2.2kW)	台	1	吊装	650×730×780
排烟轴流风机	PY-1-2	风量:10000m³/h,全压:400Pa	HIF-I-6.5 (2.2kW)	台	1	吊装	650×730×780

作为 BIM 工程师，平时应注意多搜集常用厂家的设备样本与设备参数，建立自己的设备样本数据库。在 MagiCAD 软件的产品库中以国外厂家的产品为主，近期国内的相关企业也逐渐意识到建立自己标准产品库的重要性，所以国内厂家的产品在 MagiCAD 软件的产品库中也逐渐增加。在建模时如果正好采用库中厂家的产品，建模效率就比较高，因为产品库中各种型号的产品已经分类整理了，相关参数也非常齐全。但是，目前国内大多数厂家还没有建立标准的三维产品库，而且有些设备、产品的参数是不公开的，选购时才提供，因此 BIM 工程师平时的积累对提高建模效率有很大帮助。

当有了设备具体参数后就可以通过软件建立自己的产品族，如 MagiCAD 软件，通过软件的产品编辑器进行修改、编辑、命名、保存即可。

模型细化的过程就是逐步把图纸包含的全部构件建立模型的过程，而且要按照实际采用构件的真实参数建模，所以工作量比较大，也比较繁琐。当模型细化完成后，就可以进行第二次三方协调会。BIM 工作组应将设计方案进行汇报，讲解和演示时通常利用三维模型的可视化功能进行总体及各专业系统方案说明，局部关键节点可以利用剖面图分析的形式进行讲解。

该项目 1 层某管廊交汇处第二次优化后的方案效果如图 5-9 所示。在后期模型细化时要考虑土建的施工误差及现场

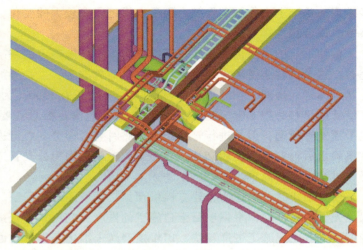

图 5-9　某公用建筑 1 层管廊交汇处方案细化效果图

设备实际尺寸变化的问题，解决这个问题的方法就是对土建的关键区域及设备的重要参数进行现场测量，对影响管线走向的参数进行修正。当方案最终确定，就可以出施工图。出图内容包含各专业的施工图、管线综合平面图及剖面图，按照出图要求，进行相关标注，出图完成后装订成册，交由设计院签字认可。

要注意的是，通常情况下业主和施工方考虑问题的角度是有很大区别的，吊顶标高不仅仅是一个数字，现场最终给人的感受和很多因素有关。同样的标高，周边环境不同，给人的感觉差距很大。有很多项目，业主在方案讨论时认可了设计标高，但施工后期又要求修改，给施工方带来很大的困扰，这也是设计方应当提前考虑的问题之一。

该项目主体 1 层图纸目录如表 5-2 所示。

表 5-2　某公用建筑主体 1 层图纸目录

主体 1 层图纸目录			
序号	图名	图号	备注
1	封面		
2	图纸目录		
3	主体 1 层空调水平面图	AZ-附图（一）	第 1 张　共　14 张
4	主体 1 层空调风施工图	AZ-附图（二）	第 2 张　共　14 张
5	主体 1 层消火栓平面图	AZ-附图（三）	第 3 张　共　14 张
6	主体 1 层喷淋平面图	AZ-附图（四）	第 4 张　共　14 张
7	主体 1 层气体灭火平面图	AZ-附图（五）	第 5 张　共　14 张
8	主体 1 层气体灭火系统地板下布置平面图	AZ-附图（六）	第 6 张　共　14 张
9	主体 1 层给排水平面图	AZ-附图（七）	第 7 张　共　14 张
10	主体 1 层动力力电缆桥架	AZ-附图（八）	第 8 张　共　14 张
11	主体 1 层 BAS 电缆桥架平面图	AZ-附图（九）	第 9 张　共　14 张
12	主体 1 层防火电缆桥架平面图	AZ-附图（十）	第 10 张　共　14 张
13	主体 1 层信息桥架平面图	AZ-附图（十一）	第 11 张　共　14 张
14	主体 1 层通信桥架平面图	AZ-附图（十二）	第 12 张　共　14 张
15	主体 1 层管线综合图	AZ-附图（十三）	第 13 张　共　14 张
16	主体 1 层管线剖面图	AZ-附图（十四）	第 14 张　共　14 张

以上是该项目建模和深化设计的基本过程，对于管廊类的区域，通常最重要的核心点就是管廊吊顶标高的确认，建模时需要特别注意这个环节，并与业主和设计方进行充分的协调和沟通，才能达到比较好的效果。

5.4　项目总结

　　在现阶段，将模型应用到出施工图指导施工，已经是 BIM 技术比较深入的应用了。在该项目的实施过程中，设计人员体会到在实际实施过程中，当甲方要求进行方案变更时，会导致模型不断地修改，带来很大的额外工作量，所以要把握出图的时间节点和模型的建模深度。如果以指导施工为目的，可以按照现场的进度安排，通过不同阶段完善不同深度的模型来掌握建模工作的节奏，不同阶段的模型深度能满足当时的现场要求即可，这样在进行方案调整时可以减少很多不必要的工作量。而不是提前将模型建好并完善，当方案变动时会使模型调整困难，甚至推倒重做。

　　管廊区域通常考虑采用综合支吊架，通过对 BIM 模型的优化排布，最大程度上采用综合支吊架，不仅提高安装效果和保证标高要求，同时能提高安装效率。而各专业各自设计安装本专业吊架的工作模式，安装效果较差，安装效率低，浪费空间，并且容易产生碰撞。关于综合支吊架的应用在本书第 10 章会详细介绍。

第6章

某消防泵房BIM综合管线分析

消防泵房与制冷机房有很多相似之处，相对制冷机房，消防泵房机电系统更简单一些。本章以某消防泵房为例，介绍在消防泵房 BIM 建模过程中应注意的问题。

6.1 项目概况

该项目为某公用建筑的消防泵房，位于地下 2 层，面积为 500 多 m^2，主要设备有 2 台消防水泵，2 台喷淋水泵，消防、喷淋系统增压稳压装置各 1 套。该消防泵房除了喷淋和消防系统外，还有 1 组高压细水雾泵组，2 台高压细水雾增压泵。该泵房用于满足整栋建筑地下 2 层、地上 10 层的消防要求。

该项目的难点：泵房面积比较小，同时泵房出水管管廊比较狭窄，管路密集，在泵房右侧管廊包含 4 路消防喷淋管道，1 路给水管，1 路污水管，还有风管和桥架。施工工艺复杂，安装施工的计划工期为 7 天，项目工期紧张。

6.2 建模过程

6.2.1 对设计院图纸的分析

为了提高管线综合效率，在建模前，工程师应当对泵房内所有的专业进行深入分析，把图纸全部按专业分拆处理完毕后，必须和业主、设计院核对一遍，以防遗漏或理解偏差。该项目中包含有通风、电气桥架、消防水喷淋、高压细水雾、冷媒管、给水管、污水管等多个专业系统。其平面图如图 6-1 所示。

对于制冷机房，设计院提供的图纸通常是原理图，提供系统图的比较少见。而对于消防泵房，设计院通常提供的是系统图，系统图上的标高已经给定，这个标高可以当做初步建模的依据。

如图 6-2 所示，该消防泵房系统图已经清楚地标示了管路标高及走向，但是这只是消防系统的图纸，并未考虑其他专业系统的排布，在实际施工中如果按照此图施工，经常出现不同专业间碰撞干涉的问题，造成修改、返工、延误工期和提高施工成本。所以通过建立完整的 BIM 模型进行管线综合，对系统图进行校核，可以有效地避免各专业系统间的干涉，这也是甲方和总包方在该项目上考虑采用 BIM 技术的原因之一。

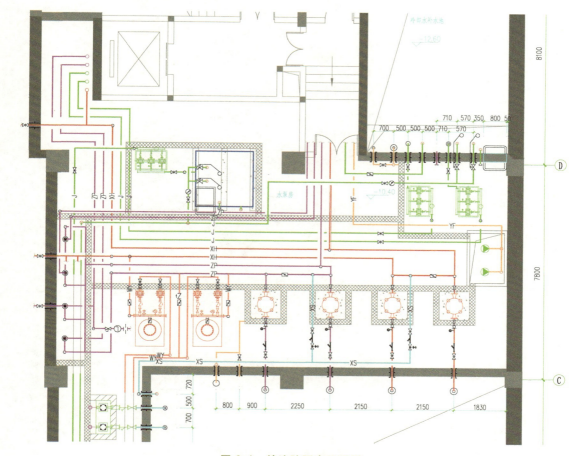

图 6-1 某消防泵房平面图

6.2.2 BIM 模型的建立

1. 项目管理文件夹的建立及图纸处理

按照本书第 3 章介绍的建模思路，首先把所有的图纸按专业系统分拆处理完毕，有时候拿到的泵房图纸只是初步方案图，因此需要去查找泵房的详细图纸。应当注意的是，通常情况下泵房的大样图基准点是比较准确的。在对泵房图纸的处理中如何确定原点，也就是基准点，有两种方法：一是直接把泵房的大样图复制到消防图纸中，作为参照图纸处理；二是新建一张图纸，把泵房大样图复制进来，再参照对应的消防图，把泵房大样图移动到相应的位置后作为参照图纸。

根据本书第 3 章中所介绍的方法建立该项目的项目管理文件夹，该项目的项目管理文件夹结构如图 6-3 所示。

项目管理文件夹中多了设备安装尺寸图和问题两个文件夹，原因是该项目 BIM 用作指导现场施工，所以设备的尺寸必须是确定的，通常在 BIM 建模时设备还未完成招标，具体参数和生产厂家还没有确定，一般用相对偏大的参数先建模，当设备具体尺寸、参数确定时，需要把这些参数放到一个文件夹中，作为建立最终设备模型的依据。精确的设备参数对

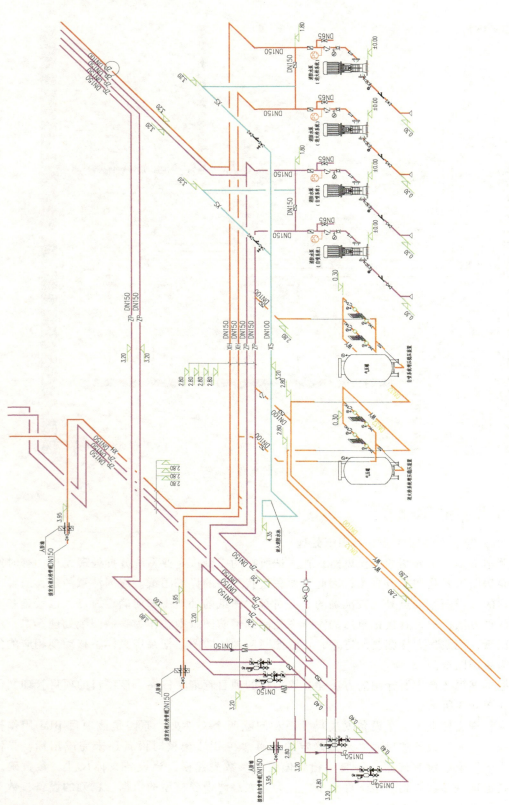

图 6-2 某消防泵房系统图

📁 参照	2016-07-26　1:52	文件夹
📁 风管	2016-07-26　1:53	文件夹
📁 给排水	2016-07-26　1:52	文件夹
📁 建筑	2016-07-26　1:52	文件夹
📁 漫游	2016-07-26　1:52	文件夹
📁 桥架	2016-07-26　1:54	文件夹
📁 设备安装尺寸图	2016-07-26　1:52	文件夹
📁 问题	2016-08-25　12:58	文件夹
📁 校核	2016-07-26　1:52	文件夹
📁 支吊架	2016-07-26　1:52	文件夹
📁 综合	2016-08-26　6:07	文件夹

图 6-3　某消防泵房项目管理文件夹

指导施工是很重要的。如果是单纯用 BIM 进行投标的项目，精确的设备参数意义就不大了，因为利用 BIM 进行投标，主要目的是向甲方展示设计方案，对设备具体的尺寸参数要求不高。

2. 土建模型的处理

该项目的土建模型是利用 Revit 软件建立的，在土建建模工程师建立土建模型后，交付于机电安装人员，交付的同时要把建筑情况向机电安装人员进行交底。特别要注意的是机电工程师拿到土建模型后，如果现场情况是土建施工已经完毕，机电建模之前一定要对土建模型与现场施工情况进行核对，因为土建存在施工误差，当机电系统管线排布比较密集，对空间尺寸变化比较敏感时，容易造成管线实际施工中因为土建施工误差较大无法执行设计方案的情况。例如消防管道，建模时若贴梁底排布，如果土建误差使梁底标高降低，接管位置正好在误差较大的梁底位置，会造成安装困难甚至无法安装的情况。

该项目土建基本情况为：泵房区域的地面绝对标高为 -10400，位于建筑图东北处的出管管廊区域地面绝对标高为 -9500，相当于地面有 900 的错层。泵房区域的层高 4950，出管管廊区域层高为 4050。

图 6-4 所示为泵房三维模型轴测图，通过该图可以看到泵房大体的结构情况，管线密集集中在图中的右上角（东北方）处管廊和左上角（西南方）处管廊。该区域的层高为 4050。

3. 非消防系统模型的建立

建立泵房模型时，按照建模的原则，桥架、风管尽量贴梁底排布，确定梁底高度后可以直接利用 BIM

图 6-4　某消防泵房三维模型轴测图

软件绘制桥架和风管模型。

图 6-5 所示为该项目桥架和风管的三维轴侧图。

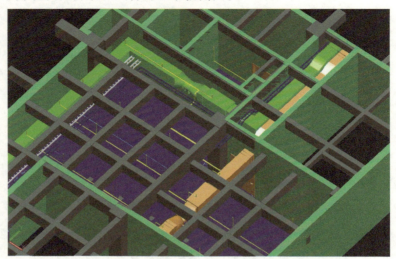

图 6-5　某消防泵房桥架与风管三维轴测图

本书第 3 章中介绍，对于初步模型的建立，相关设备、阀门和附件可以先不用建模，但是对于该项目，因为管线系统中的设备和阀门不是很多，在建立初步模型时就直接加上了，这样做也是因为空间比较狭小，要考虑风机对管线排布的影响，减少后期方案调整的难度。

建立专业系统模型时，首先要做的是各专业系统模型与结构模型的碰撞检测，以确保专业系统模型和结构模型无碰撞，在多专业综合的时候就可以不考虑结构梁的问题，这样不用每次碰撞检测都要把梁模型参照进来，等管线综合调整后做碰撞检测时再最终考虑与结构模型的冲突问题。

该项目中送风管和排烟管截面都是 630×630，管廊区域梁底标高为 3350，安装风管后的管底标高为 2640。

4. 消防管道及泵房模型的建立

该项目所涉及的给排水专业参照图纸如图 6-6 所示。

风管和桥架建模后，下一步消防泵房建模的主要工作是设备的布置和相关管线的排布。首先进行设备基础布置，一般会根据机房的基础布置图先绘制基础模型，再去调整。

A 主体负二层水泵房_未拆分.dwg
A 主体负二层水泵房给水施工图.dwg
A 主体负二层水泵房排水泄水溢流冷媒细水雾施工图.dwg
A 主体负二层水泵房喷淋施工图.dwg
A 主体负二层水泵房喷淋支管施工图.dwg
A 主体负二层水泵房稳压施工图.dwg
A 主体负二层水泵房消火栓施工图.dwg

图 6-6　某消防泵房给排水专业参照图纸

在该项目中设备基础建模比较简单，直接在 CAD 软件中建立模型即可，如图 6-7 所示。

对于管道建模，可以利用 BIM 软件按照系统图建立，这里不再详细阐述，但是要注意水泵的两端连接阀门的部位。这个部位要保证所留间距能够满足安装阀门的空间，在平面图中阀门是二维图标，但是建立模型时往往发现安装空间不足，因此建模时要注意是否有足够的空间放置阀门。

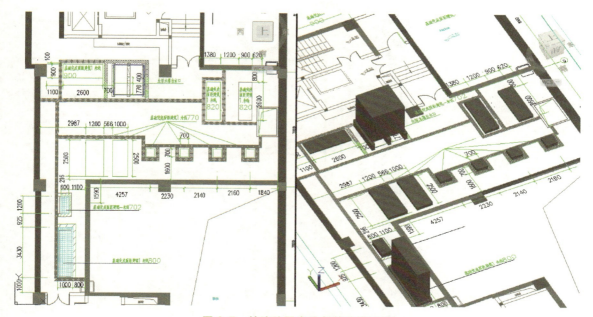

图 6-7　某消防泵房设备基础模型图

通过分析该项目的平面图，需要特别注意的有两个部位，一是水泵连接处，如图 6-8 所示。

要注意图 6-8 中，从消防水池出来的管道进水泵、软连接、清扫口等处间距能否确保安装阀门等控件，如果这个位置的空间不能够保证安装控件，有可能要调整水泵的位置，其基础也需要移动。所以在建模时，阀门等构件一定要按照实际尺寸建模，以验证空间是否满足要求，该处建模后效果如图 6-9 所示。

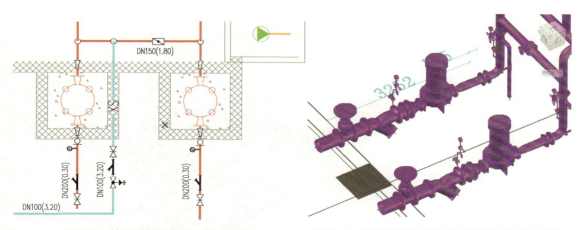

图 6-8　某消防泵房消防水泵平面图　　　　图 6-9　某消防泵房消防水泵管路构件连接模型

第二处就是管道接湿式报警阀的部位，如图 6-10 所示，管道从水池出来通过水泵在此处接报警阀后，分别通过喷淋出水管进入各自的功能区域，此处管道比较密集，容易形成交叉，与制冷机房的分集水器位置类似，所以这个部位的管线排布要特别注意。

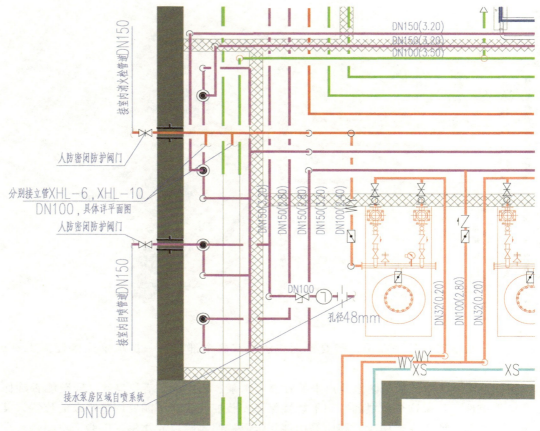

图 6-10 某消防泵房湿式报警阀区域局部平面图

把握好重点后就可以建模了。在做泵房的建模时，很多工程师习惯把所有专业的模型都建立在一起，认为放到一起调整的时候比较方便，但是当专业多了的时候，管线密度大，相互交织在一起，反而不利于调整，而且不方便出图，建议还是分专业建模，利用参照来调整，在 Revit 软件中可以通过关闭其他专业模型的图层，分专业调整。

5. 多专业管线综合排布

初模建立后，就可以进行管线综合了，管线综合的效果和设计人员的安装经验有很大关系，一个合理、优秀的方案需要与现场施工人员、方案设计人员多次沟通才能确定。不同的工程师进行管线综合的方法也不尽相同，该项目是通过管路分层和剖面图的方式来调整的，消防和喷淋系统基本上分成了两个主要的层，管廊区域利用剖面图进行细化，该项目的综合三维效果如图 6-11 所示。

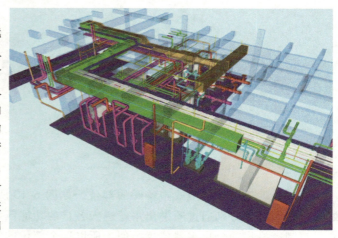

图 6-11 某消防泵房管线综合三维效果图

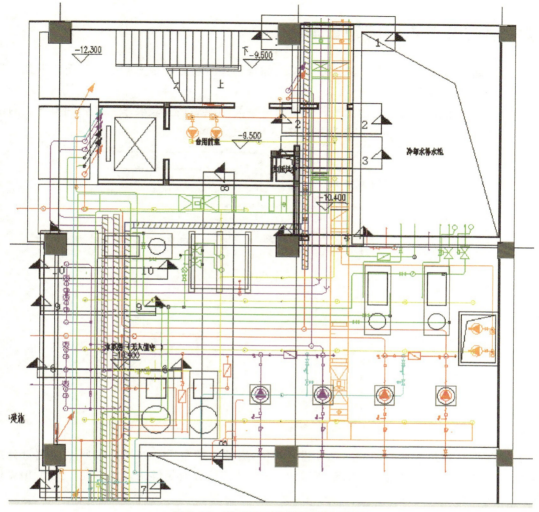

图 6-12　某消防泵房管线综合图局部

6. 出平面图和剖面图指导施工

该项目在出图时，如果出管线综合图，因为管线过于密集，标注困难，所以还是分专业出图，并从管线综合图中需要剖切的位置出剖面图。该项目管线综合图局部如图 6-12 所示。

具体剖面图以剖面 2 为例，如图 6-13 所示。

通过图 6-13 能够看到，管廊中基本上挤满了管线，这种情况下需要对安装工序进行周密的安排，否则会给安装施工带来困难。在该项目中，施工工序是先桥架、风管，最后是管道，各工种进场时间要安排好。

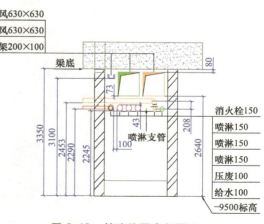

图 6-13　某消防泵房剖面 2

6.3 消防泵房建模问题汇总

在对消防泵房建模过程中，特别是在管线综合调整时会碰到许多问题，下面列举几个常见的、比较典型的问题。

问题一：平面图中阀门表达清楚，但是实际空间不能满足安装要求，需要调整管线的位置，如图 6-14 所示的某消防泵房局部平面图 A 中红色区域。

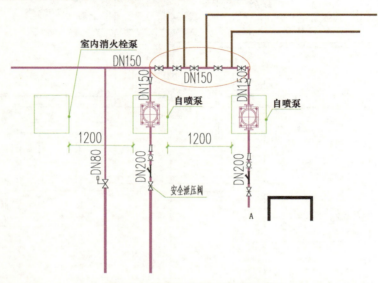

图 6-14　某消防泵房局部平面图 A

这种情况，通过按照阀门实际尺寸进行 BIM 建模与排布后，如果要按照平面图设计进行接管，需要消防水泵基础之间的距离增加 320，才能确保有足够的安装空间。此处 BIM 模型的三维图如图 6-15 所示。

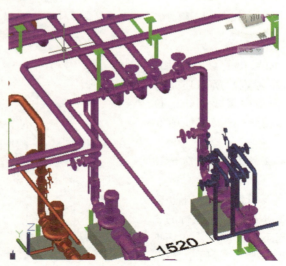

图 6-15　某消防泵房局部 A 三维图

问题二：在进行管线综合时，设计人员可以根据空间规划和排布美观的需要，对消防泵房的设备位置进行重新排布，如图 6-16 所示的某消防泵房局部平面图 B 中红色区域。

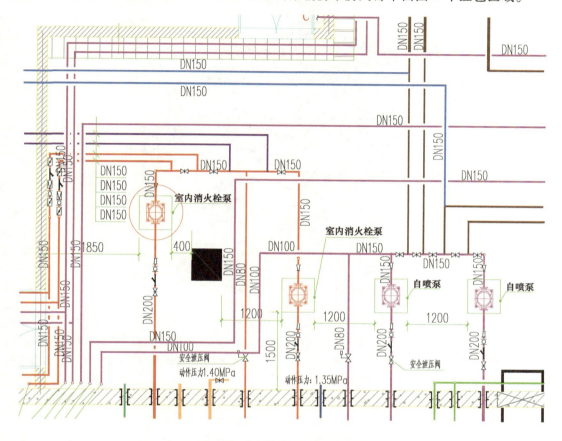

图 6-16　某消防泵房局部平面图 B

在图 6-16 中，室内消火栓泵的位置如果安装在红色区域，使人感觉整个室内空间过满，设备排布不整齐。可以通过移动室内消火栓泵的位置，这样让其与其他水泵的位置对齐，使排布效果更加美观。调整后的平面图与三维效果图如图 6-17 所示。

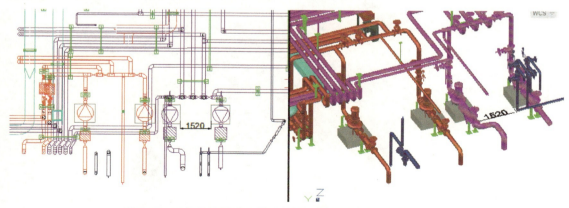

图 6-17　某消防泵房室内消火栓泵调整后平面图及三维效果图

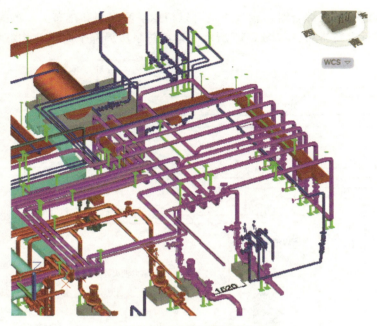

图 6-18　某消防泵房管路排布图

问题三：管线分层数量。这个问题的处理在本书第 4 章中冷冻机房管线综合时已经做过详细描述，在该项目中，消防泵房管道分成两层比较合理，既能避免管道的交叉，又能保持同方向的管道在同一层，如图 6-18 所示，管道分成了标高 3400 和 3200 两层，比较整齐，有利于安装和维护。

问题四：根据机房空间，选择最有利的位置安装设备。如图 6-19 所示，该泵房为狭长的房间，水泵连接管道及阀门附件都安装在上层，这样便于留出底部空间。

图 6-20 所示为其三维效果图，图 6-21 和图 6-22 所示为其实际安装图，通过实际安装效果来看，充分利用了设备的安装位置让空间更加宽裕，利于设备选型及排布位置的优化，对提高有限空间的利用率很有帮助。

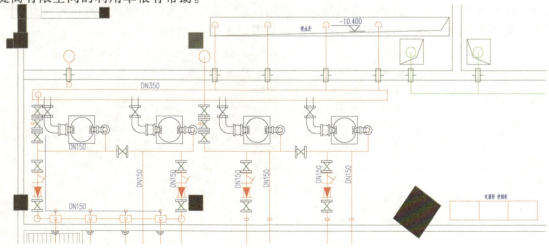

图 6-19　某狭长消防泵房平面图

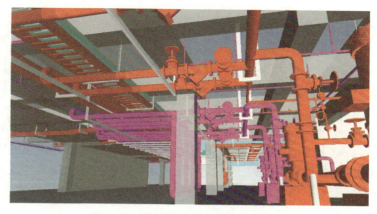

图 6-20　某狭长消防泵房三维效果图

图 6-21　某狭长消防泵房实际安装图 A

图 6-22　某狭长消防泵房实际安装图 B

6.4 消防泵房 BIM 应用分析

该消防泵房通过利用 BIM 技术建模并深化设计，使项目的顺利实施得到了很好的支持，除了利用优化后的模型指导施工，使安装一次成功外，在优化安装工序和材料统计方面也起到了很好的作用。

该项目建模后，导出至 Navisworks 软件，利用 Navisworks 软件进行安装工序的 4D 模拟，展示整个安装过程及施工进度。通过三维动画的形式形象地展示给各专业施工队伍，让现场管理及施工人员对安装过程有深入的了解，并通过分析安装过程，提出建议和修改意见。利用该平台交流讨论施工方案的合理性，将问题发现并处理在实际施工之前。图 6-23 所示为该项目 4D 施工模拟视频截图。

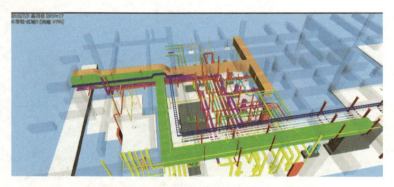

图 6-23　某消防泵房 4D 施工模拟视频截图

在该项目实施过程中，还有一个比较突出的应用点就是材料统计与提取，现场施工每进行一个区域，都需要向总包提出材料需求，传统的材料提取模式常常存在误差，材料遗漏、误报、多报情况非常常见，增加后期协调的工作量，影响施工效率。利用 BIM 软件自动进行工程量的统计，可以直接生成完整的料单，因为该 BIM 模型是完全按照实际施工要求建立的，从模型基础上生成的材料清单是非常准确的，包括管路附件，如三通和弯头的型号及个数。这样可以有效避免物料误差造成的时间和成本的浪费。表 6-1 所示为该项目 BIM 提取量统计表局部。

表 6-1　某消防泵房 BIM 提取量统计表局部

类别	尺寸	系列	产品	数量	长度/m	保温层/面	厚度/mm	展开面积/m²
水管	20	镀锌钢管			2.4			
水管	65	镀锌钢管			2.6			
水管	100	镀锌钢管			1.1			
水管	150	镀锌钢管			119.8			
水管	250	镀锌钢管			1.8			
弯头-45	150	镀锌钢管		2				
弯头-90	20	镀锌钢管		4				
弯头-90	65	镀锌钢管		2				

（续）

类别	尺寸	系列	产品	数量	长度/m	保温层/面	厚度/mm	展开面积/m²
弯头-90	100	镀锌钢管		2				
弯头-90	150	镀锌钢管		38				
T-连接-90	150/150/2	镀锌钢管		14				
T-连接-90	150/150/6	镀锌钢管		2				
T-连接-90	150/150	镀锌钢管		11				
T-连接-90	250/250/2	镀锌钢管		2				
变径连接	150/100	镀锌钢管		1				
变径连接	150/100	镀锌钢管		2				
变径连接	250/150	镀锌钢管		2				
端堵	20	镀锌钢管		12				
端堵	100	镀锌钢管		1				
区域阀	150	手轮蝶阀	AT2311V15	12				
截止阀	250	ZF-NC	SV DN250	2				
截止阀	65	ZF-NC3	TA 60-65	2				
截止阀	150	手轮蝶阀	AT2340V15	1				
其他阀门	150	止回阀 NC	AVK-53-15	2				
其他阀门	150	湿式报警阀 NC	ALARM_CHE	4				
其他水系统构件	20	压力表 2	PRESSURE	4				
其他水系统构件	150	喷淋泵	TP 150-39	2				
其他水系统构件	20	垂直压力表	MANOMETEF	8				
其他水系统构件	20	演示器 NC	IPX 2-25	4				
其他水系统构件	150	软连接 NC1	EJ-2-150	2				
其他水系统构件	250	软连接 NC1	EJ-2-250	2				

6.5　项目总结

对于一个大型的机电安装工程项目，如果没有时间建立整个项目的 BIM 模型，可以选择泵房为切入点进行 BIM 技术的应用，因为泵房往往是项目中比较复杂的部分，传统的工作模式受到技术手段的局限，严重依赖从业人员的相关经验，设计、施工效果不稳定，利用 BIM 技术可以有效地避免安装工程中常见的"错、漏、碰、缺"等问题，而且在三维模型中进行管线综合，效率高、效果直观，并可以利用 BIM 软件的 4D 功能进行关键部位的施工工艺优化。以泵房为 BIM 技术的应用点，具有很好的以点带面的作用，对泵房类项目进行 BIM 技术应用也是提高机电安装人员设计、施工安装水平的一个很好的途径。

第 7 章

某地下车库机电安装工程案例分析

民用建筑、办公楼、商场等项目的地下车库，往往是机电安装的重点区域，因为大部分泵房的管线是经过地下车库走向各功能区域，并且在该区域管线、吊架通常是裸露的，所以地下车库管线的综合排布不仅要满足业主对标高的要求，还要整齐美观。地下车库管线的排布效果是展现机电安装企业设计、安装水平的一个窗口。

7.1 项目概况

本章以一个办公楼的地下车库机电安装工程为例介绍 BIM 技术的应用过程。在该项目机电安装工程确定应用 BIM 技术的时候，土建已经施工至正负零，所以很多管线要根据现场的预留孔洞进行排布。对于标高业主没有明确要求，只是要求尽量往上提高。此项目应用 BIM 技术的目的很明确，就是利用 BIM 模型进行机电系统优化设计、指导施工。

该项目地下建筑共三层，地上为办公区域。消防泵房和给水泵房位于地下第 3 层东北角，因为消防管道要从泵房直接进入地下 2 层管廊，所以在此处管廊部位会形成一段管线密集的区域，是管线排布的难点之一。

本章以地下 2 层为主进行分析，地下 2 层车库面积为 6000 多 m^2，管线不是很复杂，但是结构柱有柱帽，在管线建模的时候要注意避开柱帽位置。地下 2 层分为 3 个防火分区，包含地下车库常见系统，电气系统包括强电、弱电桥架；通风系统包含送风和排烟；管道系统主要包含给水、污水和消防喷淋。该项目是一个简单但是比较有代表性的案例，能基本上反映 BIM 技术在地下车库机电安装应用中常见的问题。

该项目为某一级资质的建设单位第一次尝试应用 BIM 技术，为此专门成立了 BIM 小组，配备了水电暖专业共 3 位工程师，负责建模及指导现场施工，BIM 应用目标是做到能出图指导施工。该项目建模、深化设计与出图过程用了约 3 个月，整体效果达到了预期。

7.2 建模关键点分析

对于不同类型的地下车库机电安装工程，在进行 BIM 建模的时候有以下几个关键区域需要注意：一是泵房与泵房出管的管廊位置；二是管井；三是民用建筑管线由地下室进入单元楼的部位。这些区域往往管线比较密集，排布难度高。

关于泵房的建模本书前面章节已经介绍，这里不再详述。但是泵房出管的管廊区域，建模时要重点关注，因为管线是从这里集中向外发散，所以在这个区域管路的设计、优化对标高和最终视觉效果影响较大。图 7-1 所示为该地下车库泵房出管区域实际安装效果。

在地下车库消防泵房出水管位置，利用管路的分层翻弯，保证了出管位置的整齐。利用综合支吊架，保证了整体管道走向统一美观，如图7-2所示。

对于立管井的排布要注意的是管道在各个管井的分配。管道通过地下

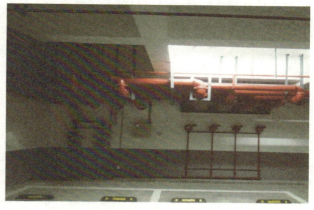

图 7-1　某地下车库泵房出管区域实景图

室进入管井，到各自不同的楼层，无论是电气井还是水管井，管线均比较集中。管井中管线的排布有时也会影响管廊的排布，包括立管井相对于管廊的位置，所以即使不做 BIM，施工人员通常也会做管井的定位图，确保能够安装到位，预防施工后期发生管道在管井里面放不开的问题。

对于地下车库管廊的排布，此处所说的管廊区域并不是单指吊顶管廊，同时也包含了地下车库管线排布比较集中的地方，管线集中就容易造成难以满足标高要求的情况，因此这些区域的管线排布也是一个重点。传统模式是谁先施工，就往上层安装，后来的各专业再各自找自己空间，实在安装不下就通过拆除修改的方式，或者牺牲标高。这样的工作模式最终效果难以保证。

图 7-2　某地下车库泵房出水管综合支吊架实景图

利用 BIM 技术建模和管线综合时重点把握好地下车库这三个部分的问题，其余区域管线相对较少，排布就比较容易了。

7.3　模型的建立过程

7.3.1　建立模型前的准备工作

首先是图纸拆分，按照专业把图纸从原设计图中拆离出来，确保各专业图纸的完整性。办公建筑包含的专业基本上类似：电气专业一般是动力桥架、弱电、消防桥架和照明桥架；暖通专业包含空调水、空调风；给排水专业包含给水、污水、雨水、消防喷淋系统。常见的专业系统基本上就是这几种，除非有特殊的功能要求。

然后建立项目管理文件夹，把拆分的图纸放到相应的参照文件夹中，同时把办公项目经

常用的项目管理文件复制到项目管理文件夹中，这也是直接调用常用标准的一种方法。该项目的项目管理文件夹内容如图7-3所示。

名称	修改日期	类型	大小
参照	2016-09-06 2:24	文件夹	
电气	2016-09-05 8:06	文件夹	
给排水	2016-09-05 8:06	文件夹	
建筑	2016-09-05 8:06	文件夹	
漫游	2016-09-05 8:06	文件夹	
暖通	2016-09-05 8:06	文件夹	
支吊架	2016-09-05 8:06	文件夹	
综合	2016-09-06 2:26	文件夹	
办公楼.EPJ	2016-07-18 11:50	EPJ 文件	100 KB
办公楼.LIN	2014-05-08 2:58	AutoCAD 线型定义	4 KB
办公楼.mep	2015-01-08 8:43	MEP 文件	690 KB
办公楼.QPD	2016-08-28 5:59	QPD 文件	7,856 KB

图7-3　某办公楼地下车库项目管理文件夹

7.3.2　建筑结构模型的建立

这个项目土建方没有建立 BIM，机电安装企业的 BIM 小组需要在二维资料的基础上自己建立土建部分的模型，因为该项目建筑部分比较规整、简单，直接利用 MagiCAD 软件的智能建模功能即可。目前，广联达软件也推出了利用土建算量的模型导出 CAD 模型，在此基础上可以实现碰撞检测、预留孔洞等功能，所以这种方式也可以用于建筑模型的生成，但只能满足用于机电系统做管线综合的需要，若对建筑模型有更细致的要求，建议还是用 Revit 软件建模。

7.3.3　初模的建立

当按专业分拆完图纸，土建模型也准备就绪，就可以开始初模的建立。此时应当首先考虑建模深度问题，因为建模深度会影响管线综合时的调整操作。对于地下车库类的项目，因为相对简单，建议电气专业建立初模时将所有的桥架模型全部建立。其架顶标高可以定在离梁底50左右，当然不同区域梁底标高可能会有不同，按照大多数梁底的标高确定即可，有个别的梁底较低，到时做特殊处理即可，若按照最低梁底标高来建立模型，空间的利用率就太低了。

图7-4所示为该项目地下2层桥架综合图，桥架建模相对来说工作量不算很大。

该项目通风管道也不复杂，包含加压送风系统、送风系统、排风排烟系统。在建立初步模型的时候可以将所有的风管模型全部

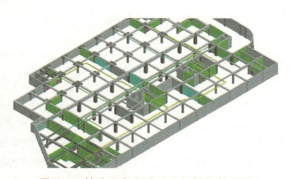

图7-4　某地下车库地下2层桥架综合图

建立，但最好先不添加风口。该项目地下 2 层通风管道图如图 7-5 所示。

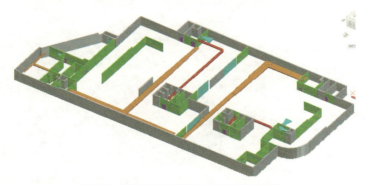

图 7-5　某地下车库地下 2 层通风管道图

　　该项目中给排水专业管道相对比较复杂，建模的顺序首先是污水管线，因为污水管线是重力管道，有坡度的要求，模型一旦建立，若需要调整标高的话就很不方便了。按照贴梁底的原则，一次性把污水管道模型建好，如图 7-6 所示。

　　该项目在应用 BIM 技术建立模型的时候，因为地下部分土建施工已经完成，污水管线的预留孔洞已经做好，为了和预留孔洞对齐，所以污水管在末端的时候需要下翻，如图 7-7 中红色的区域。

　　如果能够在土建施工前做好 BIM，就可以对土建设计的预留预埋位置提出变更，这样管

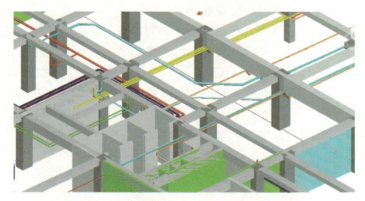

图 7-6　某地下车库地下 2 层污水管道综合图

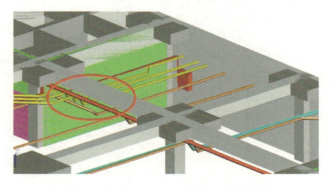

图 7-7　某地下车库地下 2 层污水管道局部图

线整体标高还能提高一些，效果当然会更好。

该项目中喷淋管道是从地下 3 层消防泵房出来，经过地下 2 层进入管井，管线走向如图 7-8 中红色箭头所示。

喷淋管道模型的建立还是先考虑主管道，对于分支管路建模可以等管线综合调整结束后再进行，支管的调整毕竟相对简单，管径的计算可以利用软件功能自动完成。

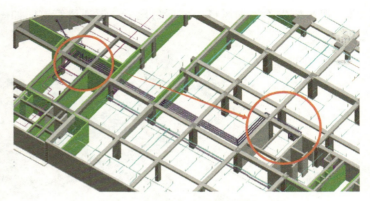

图 7-8　某地下车库喷淋管道综合图

7.4　管线综合排布及问题汇总

所有的专业模型建立完毕后，就可以开始管线综合排布了。管线综合的方法有很多，该项目利用各专业模型分层排布的方法，桥架在最上层，风管在最底层，管道为中间层。建模初期已经把各专业的初步标高定义好了，这样可以减少初期管线的碰撞，之后根据所有模型综合在一起的情况，再进行管线综合方案的调整。

在调整方案的过程中通常可以发现很多问题，问题逐一解决的过程也就是管线排布方案确定的过程，在管线调整的过程中设计人员可以将遇到的问题形成汇总报告：

问题一：如图 7-9 所示，地下 2 层某管廊区域，该区域为地下 3 层消防泵房上部出立管位置，消防喷淋管道较多，该处还有一根 630×320 送风管（图中蓝色部分）且前端为圆管，直径 560，如布置在水管下方，风管管底标高为 2807（不含支吊架横担），如图 7-10 所示，影响该区域管廊高度，可通过调整送风管的走向解决。

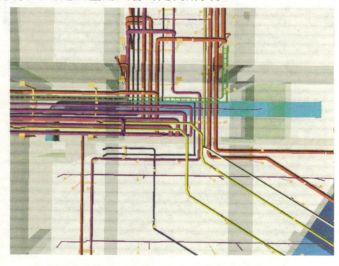

图 7-9　某地下车库地下 2 层管廊区域俯视效果

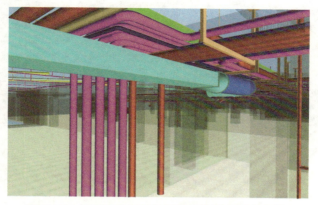

图 7-10　某地下车库地下 2 层管廊区域仰视效果

　　对方案进行如下调整，如图 7-11 所示，将 630×320 送风管的位置按照图中红色箭头所指的方向进行移动，这样可以保证管廊区的标高。通过与设计方沟通，确定了这个调整方案。在做管线综合时，在不影响设备应用的情况下，为保证安装效果，管线综合人员可以提出各种调整方案，通过与设计方、业主沟通，最后交由设计院认可。

　　问题二：东部电梯井右侧喷淋及消火栓主管较密集，管道上翻时，错综复杂不利于安装。如图 7-12 所示，立管 HL-1、HL-2 与 HL-3、HL-4 在地下 3 层消防泵房引出时，在红色区域内调换位置（在泵房中是由同一根主管引出）。在平面图中，看起来没什么问题，但是实际上管路在泵房走到此位置时，会产生错位。

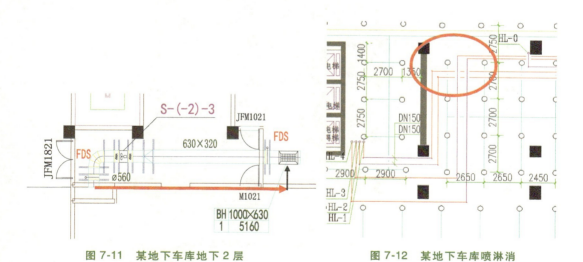

图 7-11　某地下车库地下 2 层
管廊区域平面图

图 7-12　某地下车库喷淋消
防管道局部走向图

　　按照原设计方案建模效果如图 7-13 所示，管路在此处产生了碰撞。因此，对方案进行了调整，调整后如图 7-14 所示。

　　在确保符合原理图要求的前提下，通过对管路走向位置的调整，解决了碰撞问题，并使管路分层布置，整齐美观。

　　问题三：图 7-15 中，红色区域内同位置的 3 根污水管道在原设计图中间距较大，并且

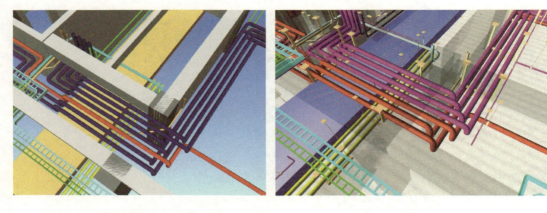

图 7-13　某地下车库喷淋消防管道局
部走向三维图（调整前）

图 7-14　某地下车库喷淋消防管道局
部走向三维图（调整后）

排布不均，占据了较大空间，建模时进行调整，缩小间距，引出至末端再分开。

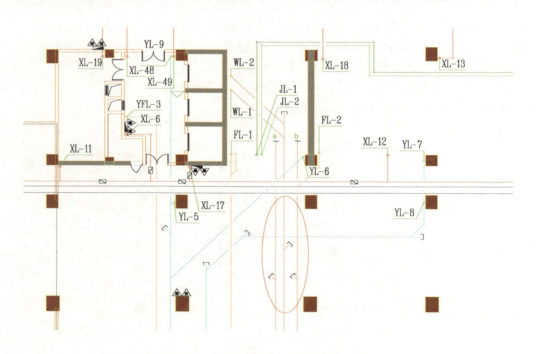

图 7-15　某地下车库污水管路平面图局部

　　根据调整后的方案建模，效果如图 7-16 所示。

　　通常，设计院提供的施工图中，有很多管线不是按照实际的尺寸定位的，图纸中就是一根线，而在进行 BIM 管线建模时一定要考虑管线的实际尺寸，且是外尺寸，有保温层的也要考虑保温层厚度。

　　问题四：图 7-17 中，红色管道为消防水主管，紫色管道为喷淋水主管，消防泵房引出的 7 根 DN150 消防水主管原设计排列较紧密，已调整为管边间距 100。同时该走廊处有污水管 2 根、消防水主管 4 根、喷淋主管 6 根、给水管 2 根、桥架 1 根和风管 1 根，管路密集，安装难度大。类似这样的区域，要重点考虑管路分层排布，以便于现场安装和后期的检修。

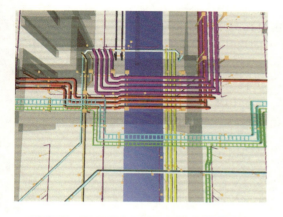

图 7-16　某地下车库污水管路效果图局部

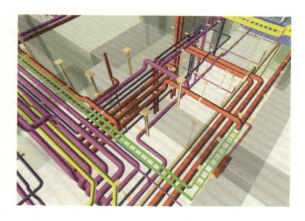

图 7-17　某地下车库管廊效果图局部

　　问题五：管路穿过防火卷帘门。如图 7-18 中，标记有粗红线的梁下设计有防火卷帘门，而按照原设计图建模后发现黄色动力桥架穿过了防火卷帘门，必须进行调整，因此将动力桥架进行偏移，从隔壁房间穿过，如图 7-19 所示。

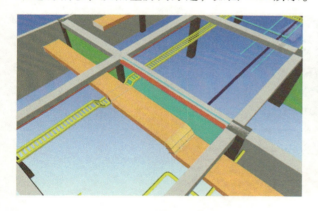

图 7-18　某地下车库桥架效果图局部调整前

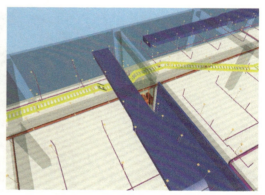

图 7-19　某地下车库桥架效果图局部调整后

　　通常防火卷帘门部位是无法走管道的，所以应尽量避开。

　　在 BIM 建模的时候，可能会碰到很多类似的问题，当做的项目越多，碰到问题就越多，通过解决问题，不断积累经验，建模的效率就会越来越高，效果会越来越好。

　　主管道的问题基本上解决后，就可以开始进行模型细化。设备、阀门和其他附件等都要建模，若设备招标尚未完成，很多设备还没有具体的尺寸数据，可以按照常规情况下参照通用部件进行建模，后期尺寸通常出入不会太大。

　　当模型细化完成后，就要进行综合碰撞检测，最终把全系统模型的碰撞点数目调整为零，经业主、设计方、施工方会商后确认方案没有问题，最后出施工图和剖面图指导施工。

7.5 BIM 的应用点分析

在该项目中，机电系统虽然不复杂，但是业主可以利用这种相对简单的项目，探讨 BIM 技术的应用方法，总结经验，为今后在其他项目中的应用进行技术积累。在该项目中 BIM 技术的应用点总结如下：

应用点一：人才培养。通过 BIM 的建模、优化过程进行 BIM 团队建设，该项目 BIM 团队共 3 人，水电暖专业各 1 人，企业通过该项目确定了 BIM 建模工作流程，如图 7-20 所示。

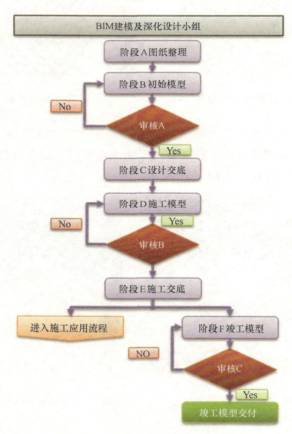

图 7-20 某公司 BIM 建模工作流程

从该流程图中可知，BIM 建模过程是一个不断协调交互的过程。针对不同阶段的应用，BIM 逐步深化，从初始模型到施工模型再到竣工模型。

应用点二：碰撞检测，出施工图指导施工。通过碰撞检测，该项目中共发现管线碰撞的问题达 100 多处，最终经过多方沟通，全部解决。出施工图近 100 幅，用来指导施工，对提高施工效率，降低成本起到了很大的作用。

应用点三：最终得到竣工模型的时候，利用 BIM 软件自动统计工程量，与实际施工的材料成本数据相比对，为今后相关项目应用 BIM 技术，积累成本数据。

7.6 项目总结

目前，大型国有建设企业，包括很多地方性的特级资质企业，普遍走在了 BIM 技术应用的前沿。但是一些中小型企业，受资金、人员的限制，对 BIM 技术的应用还有疑虑。因此，可以利用合适的项目，尝试利用较少的投入作为 BIM 应用的切入点，该项目就是一个典型案例。选择一个相对简单，规模不大，施工企业有较大自主权的项目，哪怕只是项目的一部分，进行 BIM 技术的应用，重点追求带来实际的效果，总结经验，逐步推进，是比较合适的一种路线。

关于 BIM 技术在机电安装工程中的应用点，有的专家总结了近 40 多处。应用点虽多，但是在目前情况下，真正成熟，能落到实处的并不多。BIM 技术是行业发展的方向，对此业内已经是共识。关键是在现有情况下如何落地，建议刚开始接触 BIM 技术的工程师，先利用一个相对简单的案例，力求具体和真实，切实体会现阶段下 BIM 技术的优势和局限性，在此基础上再考虑企业的应用方式。若人云亦云、跟风炒作、华而不实，是无法给企业带来真正的效益的。

第8章

某商务中心设备层机电安装工程案例分析

在高层建筑中，为了机电专业设备的需要，往往都会设置设备层，通常设备层的层高比较矮，其大部分面积用来布置空调、给排水、电气、电梯等设备。本章以某商务中心的设备层为例介绍 BIM 技术在设备层机电安装工程中的应用。

8.1 项目概况

该案例中，项目楼层共 24 层，主要功能为酒店与商务办公。设备层位于商务中心的第 7 层和第 8 层之间，该设备层层高 2700，多数梁底高度为 2300，所包含的机电系统有电气桥架、空调风、空调水、给水、热水、消防水、喷淋及污水系统等专业。

该设备层管线密集，留出检修通道后，其余空间基本上被管道和桥架占据，图 8-1 和图 8-2 所示为该设备层施工完成后的现场照片，图 8-3 所示为该项目 BIM 效果图的局部。因为该项目有鲁班奖的报奖要求，做过鲁班奖项目的工程师都了解，即使项目初期安装要求比较高，施工过程严谨，但后期也难免出现整改的问题，影响安装质量，

图 8-1　某商务中心设备层现场照片 A

降低安装效果，造成人、财、物的浪费。所以项目一开始，施工方就决定采用 BIM 技术进行方案优化和碰撞检测，力图将问题解决在施工之前，提高安装质量，确保安装施工一次成功。

项目实施前，施工企业成立了 3 人组成的 BIM 项目团队，在 BIM 应用实施过程中，2 名工程师负责建模，组长负责现场协调和整个项目方案的优化排布。该项目实施时间是 2013 年，在当时组建这样规模的 BIM 小组，施工方投入算是比较大的。即使目前，像这样规模的项目进行这样的人员配置，也是比较合理的。在项目实施过程中，项目组并没有一开始就先把所有的模型全部做好，而是采用做一层，落实一层，建模进度随着施工过程逐步推进的方式。

图 8-2　某商务中心设备层现场照片 B　　　　图 8-3　某商务中心设备层 BIM 模型局部

8.2　设备层建模思路

　　应用 BIM 技术时，通常设备层建模的思路和标准层还是有所区别的。标准层的建模方式通常采用在吊顶内分层排布再管线综合的模式。但对于设备层来说，需要充分利用所有的空间排布管线及设备，所以在建模前，建模工程师应当对整个设备层的各专业系统统筹考虑。

　　首先分析该设备层的建筑平面图，如图 8-4 所示。

　　该设备层整体布局为三角形，中间区域为电梯间，管道、设备基本上围绕电梯间环形布置，空调、风机等设备分布在周边，检修通道位于内侧，环绕电梯间一圈，管井位置靠近检修通道。对图纸内容有初步的了解后，就可以确立 BIM 建模的基本思路：管道尽量往检修通道周边进行集中，一是便于检修，二是管道通过管井往上走的立管从水平管接管方便。空调机组按照原设计图放置的位置排布。

　　该项目建模之前，BIM 组长先在二维图的基础上进行了初步深化设计，对于这种工作方式的优缺点，在本书第 3 章中已经介绍过。选择这种模式是为了减少后期模型调整的时间，但是前期二维深化设计也需要一定的时间。具体应当采用哪种工作方式，与项目进度的时间安排以及项目负责人的经验和工作习惯有关。当然最终深化设计的方案，还是需要通过 BIM进行碰撞检测、优化排布，校核无误后出图指导施工。

　　在二维图基础上做管线综合的方法，通常是把所有专业的管线全部复制到一张图纸，之后在关键节点做剖面图，与本书第 3 章提到的 BIM 初步模型建立后，进行剖面分析是一样的道理，只是在 BIM 软件中剖面图可以自动生成。该项目二维深化时，做了三个位置的剖面图，分别在三角形的设备层的每个边做了一个，包括检修通道在内，其中一个剖面图如图8-5 所示。

　　进行综合排布时，首先考虑综合支吊架，这样检修通道右侧第一个综合支架设计三层，把消防喷淋管道和 FUC 供回水放到综合支架上。4 根排水管道放到另一个综合吊架上，AHU 供回水管道在设备层中间位置，为便于接新风机组，空调风管可以直接放置在地面上，这样排布的效果比较整齐和美观。这样排布的另外一个原因是空调水管靠近立管井，便于引出向上走的立管，如图 8-6 中红色区域所示。

机电安装工程 BIM 实例分析

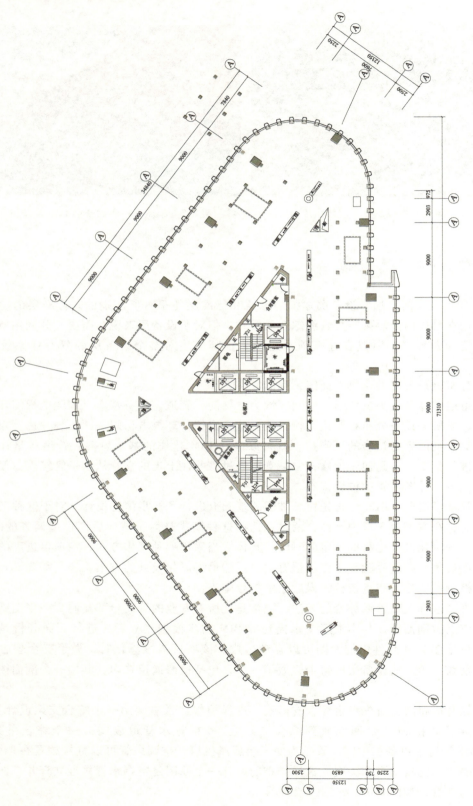

图 8-4 某商务中心设备层的建筑平面图

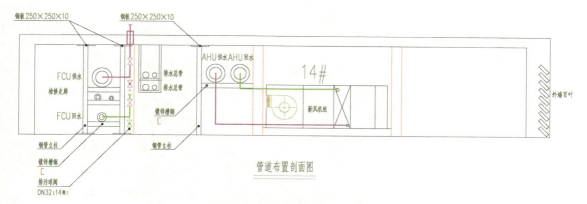

图 8-5 某商务中心设备层剖面图

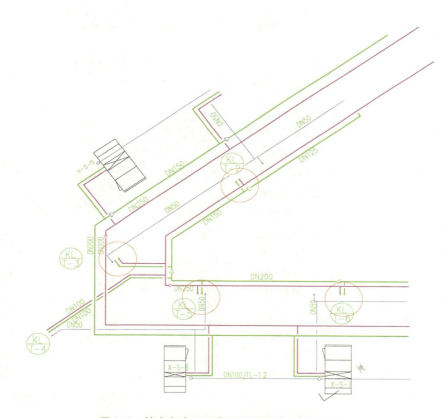

图 8-6 某商务中心设备层给排水专业平面图局部

因为该建筑从设备层向上都是客房，所以立管井基本上都分布在靠近走廊区域，如图8-7所示。

所以通过综合考虑，项目组初步确定了剖面图中所示的管线排布方案。

在设备层中，很多管线从该层产生向上或向下的分支，立管井内管道密集，如何将井内管道进行有序合理的排布，也是一个应当重点考虑的问题。

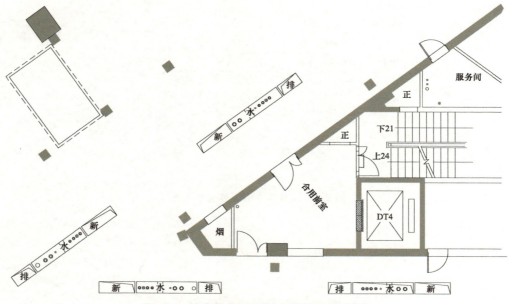

图 8-7　某商务中心设备层建筑平面图局部

立管井内的管道排布原则一是要整齐，留出合理的检修空间，二是要考虑管线的出管走向，有利于接管。图 8-8 所示为该项目设备层某管井管道布置图。

当 BIM 项目团队的 3 人对排布方案的意见达成一致后，即开始分工建模。该项目规模不大，2 位工程师负责建模，一人负责建筑和电气，一人负责管道和通风。这样的组合对于该项目，能够满足进度要求。因为该项目的 BIM 团队从属于项目部，建模的目的就是为了指导施工，建模进度随着项目的进度即可。现在对于体量比较大的项目，BIM 组成员多的到 10 多人，分批分区域建模，建模速度和质量都有很大提高。

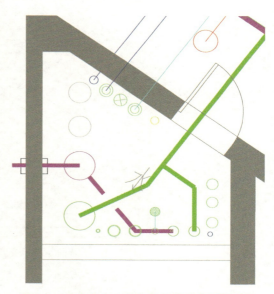

图 8-8　某商务中心设备层立管井布置图局部

8.3　建模流程

该项目采用的机电系统 BIM 软件是 MagiCAD，在 2013 年，MagiCAD 软件在国内的市场占有率已经比较高了，施工企业用的也比较多。该项目施工时间比较紧，甲方并未对项目应用 BIM 技术有所要求，而是建设单位想通过 BIM 技术解决管线综合排布和碰撞检测问题，提高安装质量，避免返工，以满足鲁班奖的报奖要求。其实这种应用思路也是目前 BIM 技术在机电安装工程中应用的落脚点，是 BIM 技术最基础的应用，但是能做到这一点也是不容易的，需要项目人员熟练掌握相关软件，并且将软件功能与工程实际相结合，才能建立一个相对完善的、能够真正指导施工的模型，对于 BIM 技术其他的应用只是在此基础上的展开而已。

8.3.1　模型的建立

当定好建模原则和管线排布的初步方案后，就可以进行模型的建立了。首先是污水管道系统的建模，因为污水管道属于无压重力管道，有坡度要求，根据管线综合中有压管道让无压管道的原则，一旦污水管道布置好之后，其他管道在遇到污水管道时发生碰撞，应该避让。原设计图因为是二维设计，通常只给定终点的高度，其他部位的高度由施工方决定。坡度的计算是比较复杂的，如果利用 BIM 软件可以方便地解决整个污水管线的具体走向问题，因为软件可以根据设定的坡度，自动计算污水管线在空间中的实际走向。污水管线立管井区域的效果图如图 8-9 所示。

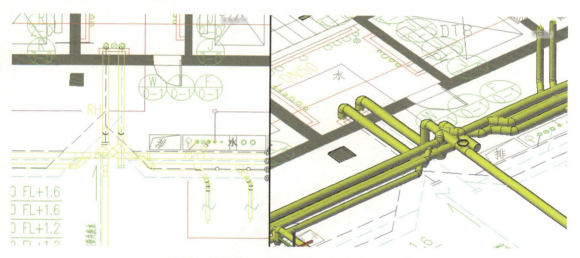

图 8-9　某商务中心设备层污水管道效果图局部

该项目中所有设备层以上楼层的污水通过设备层的污水管汇总到主管，并进入水管间下行。该处污水管需要穿越检修通道，因为污水管线设计高度为 1350，如果直接横向进入水管间，会将检修通道分割为上下两部分，人员通过必须弯腰，很不方便，也不美观。所以将管道下翻从地面敷设进水管间，管道上方做台阶保护，方便检修人员通过，效果如图 8-1 中所示。

然后是空调水管的建模。该设备层空调水管是从地下室制冷机房经过管井上行，通过设备层分散到 8 层以上各个房间。建模的时候把空调水主管道按照设计方案建好，支管先不建模，当管线综合后再进行支管建模。空调水管主管道三维模型如图 8-10 所示。

对于消火栓系统的建模，最重要的是核对楼层与楼层间的立管位置是否能够对齐，因为有时设计院提供的平面图并不能确定立管的真实位置，工程师有时将相邻层的立管建立模型后，综合在一起发现两个楼层的立管不能对齐，或者某一层的管道与梁发生了碰撞，这样的问题是比较常见的。所以无论哪个专业的模型，立管井中管道的定位一定要从底层往上逐层核对。该项目中消火栓管道是从 7 层上来，经过设备层，进入 8 层的立管井。消火栓立管经过设备层位置的变动如图 8-11 所示。

機電安裝工程 BIM 實例分析

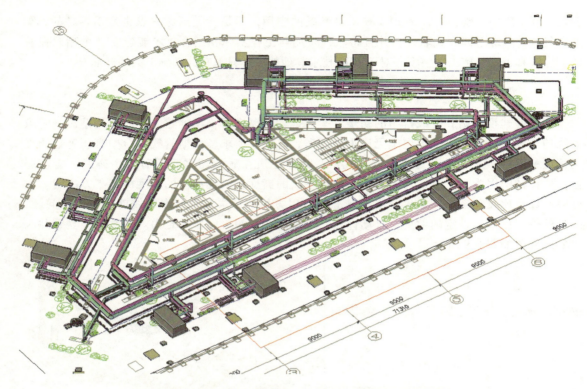

图 8-10 某商务中心设备层空调水管主管道三维模型图

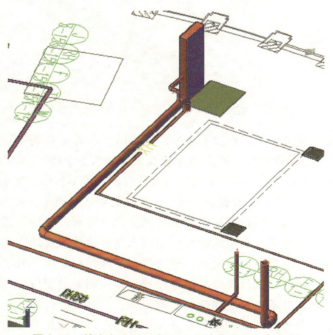

图 8-11 某商务中心设备层消火栓管道走向图局部

喷淋管道和消防管道从消防水泵房立管向上引出后，分布到各楼层，在该设备层中，为了保证喷淋支管的布置，消防管道从立管井上来后，分支管道是和空调水管道走同一个综合

· 98 ·

支架，局部走向如图 8-12 所示。

在这个项目中电气专业只建立了桥架模型，并没有考虑电缆灯具等，需要说明的是，电缆不建模的原因第一是建模难度大，需要根据原理图来布置电缆的走向，而且实际施工中常常不按照模型的设计布置桥架中的电缆，指导施工的意义不大。第二个原因是建模工作量大，如果把线缆全部绘制完毕，所需时间较长，投入产出比差。图 8-13 所示为设备层建立的桥架初步模型的局部情况。

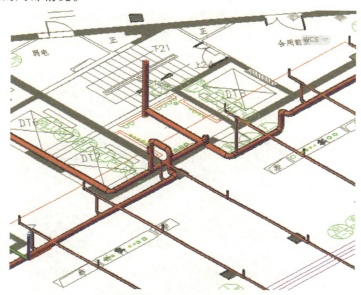

图 8-12 某商务中心设备层消防管道走向图局部

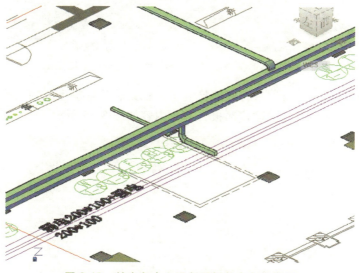

图 8-13 某商务中心设备层桥架走向图局部

该项目机电系统建模的进度安排是：首先进行主要管路的排布，目的是尽快确定预留预埋图，在土建施工进行之前，提供给土建施工方，确保预留预埋施工准确。然后进行模型的细化，在安装施工时，根据施工进度提供施工图。要注意的是，因为实际安装现场并不是完成一层再进行下一层，通常是多线程，多楼层并行的，这种情况下，楼层方案越早确定越好。特别是立管井的施工图，因为规格比较大的管道是建筑墙体未完成之前就要进场进行安装施工的，所以立管井的排布方案一定要提前落实，避免立管井中管线过多，导致立管井排布方案不能满足安装要求。土建工程一旦完工，立管井的排布方案就很难变更了，很多工程师在立管井问题上处理不当，造成后期施工困难，这种案例屡见不鲜。该项目中每个楼层具体工作时间安排如下：2 位建模工程师机电初步模型建立时间为 1 天。BIM 小组组长进行管线综合方案排布安排 1 天时间，模型进行调整、细化及出图所需时间为 2 天左右，在项目实际施工过程中，这样的进度安排是可以满足施工要求的。

8.3.2 碰撞检测

当所有专业的模型建立完毕后，将各专业系统的模型进行综合，通常是利用外部参照方式，生成整体的模型，综合后初步模型的局部效果如图 8-14 所示。

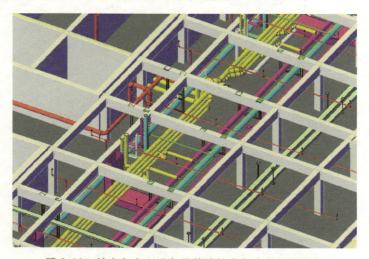

图 8-14 某商务中心设备层管线综合初步效果图局部

管线综合排布结束后就可以进行碰撞检测了，根据软件自动生成的碰撞检测报告，对碰撞点逐一进行调整，该项目的碰撞检测报告部分内容如图 8-15 所示。

图 8-15 某商务中心设备层碰撞检测报告

该项目应用的 BIM 软件是 MagiCAD，碰撞检测报告虽然是在管线综合图的基础上检测生成的，但是碰撞点可以通过系统、楼层、消息类型等进行分类，便于碰撞点的归类整理，有利于对相应专业进行调整。

8.4　施工现场综合应用

在该项目中，利用 BIM 技术进行施工现场综合应用的主要部分是检修通道、接管空间和立管井，以优化整个项目安装后的感官效果。

8.4.1　检修通道安排

通过将 MagiCAD 软件生成的模型导入 Navisworks 软件进行漫游操作，让业主方人员进入虚拟场景感受施工后的效果，图 8-16 所示为检修通道的 Navisworks 虚拟现场漫游动画截屏，然后业主、设计方、施工方对发现的问题进行讨论，确定最终方案，签字认可，并用于指导现场施工。

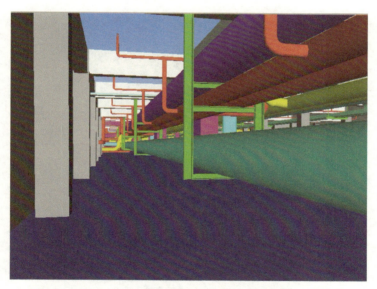

图 8-16　某商务中心设备层检修通道虚拟现场漫游动画截屏

8.4.2　管道末端排布

图 8-17 所示为空调新风接管处模型效果图。

实际施工后的效果如图 8-18 所示。

通过模型和现场图片的对比，部分支管的位置略有不同。在管道末端的小支管可能会根据现场情况灵活处理，在生成最终的竣工模型时可以根据现场实际情况略作调整。

8.4.3　立管井的排布

该项目中立管井的管路密度比较大，某处管井排布效果如图 8-19 所示，在进行管井排

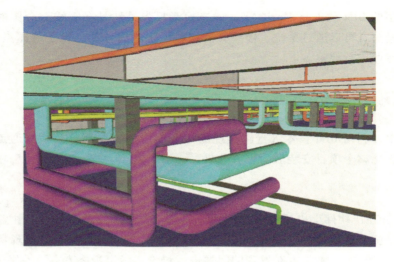

图 8-17　某商务中心设备层空调新风接管处模型效果图

图 8-18　某商务中心设备层空调新风接管处实际安装现场图

布时要注意综合考虑该管井涉及的所有楼层的管路情况，以及上下楼层管路的对齐等，同时要考虑接管部位的排布要有利于施工及后期检修。图 8-20 所示为某立管井施工后的现场图，图中可以看出各管路后期标识的处理对视觉效果的影响。

应当注意的是，在 BIM 中管道本身是含有信息的，有时甲方为了使模型效果更逼真，要求在模型中标注管道名称，这可以在软件中通过贴图功能实现。

在该项目的 BIM 应用过程中，为了配合后期装修，对客房标准间的室内管线也建立了BIM 模型，并进行了优化排布，效果如图 8-21 所示。标准间的管线进行优化排布的目的，是为了在装修方提出标高要求的情况下，校核管线安装结果能否满足标高要求。

同时，在该项目中对地下室消防管道也建立了 BIM 模型，并在此基础上进行了综合支吊架的应用，效果突出，安装完成后局部现场如图 8-22 所示。

对于该项目，BIM 技术还有其他一些应用点，这里不再介绍了。

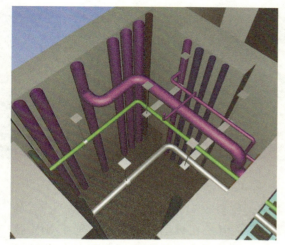

图 8-19　某商务中心立管井排布效果图

图 8-20　某商务中心设备层立管井施工完成图

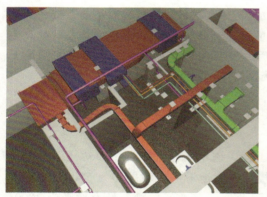

图 8-21　某商务中心客房标准间管线三维效果图

图 8-22　某商务中心地下室消防管道现场图

8.5　项目总结

在该商务中心设备层机电安装工程实施过程中，施工方充分利用了 BIM 技术的优势，在设计方案优化、管线综合排布、碰撞检测、方案汇报、安装效果模拟及出施工图指导施工等方面进行了较深入的应用，效果突出，为该项目成功申报鲁班奖打下了基础。

在整个项目实施过程中，BIM 建模进度随着施工逐步推进，采用做一层，落实一层的方式。建模时间充裕，模型调整过程中各方反复进行沟通交流，完善后出施工图，对现场施工起到很好的指导作用。

该项目通过基于 BIM 的深化设计有效地提高了地下车库的管线标高，提高了地下车库空间利用率，管线排布合理，安装效果美观整齐，得到了业主的充分肯定。在客房管线方案排布中，利用 BIM 模型有效地解决了原样板间设计标高不满足业主要求的问题，提高了装修的档次。

再好的设计方案，也需要现场施工人员在充分理解设计意图的基础上落实，所以详尽可靠的施工图是保证一次安装施工到位的前提。该项目通过 BIM 技术的应用，项目整改率降低了 50%，节约施工成本 10% 左右。

第9章

某消防项目喷淋系统预制加工案例分析

利用 BIM 技术进行住宅土建部分的工厂化生产，目前得到相关部门的大力推广，有的企业，如万科集团，已经成功地应用在很多项目中了。但是在机电安装领域，基于 BIM 技术工厂化预制加工的应用目前还没有推广，最重要的原因是项目所建立的 BIM 模型的精细化程度不够，模型仿真度太低，尺寸参数不精确，施工企业、业主不敢贸然进行工厂化预制。即使在部分机电安装项目中应用了预制加工技术，通常只是针对比较简单的系统，预制率最高能达到 40%，但是如果 BIM 模型的精细程度能达到现场施工对管路的要求，对大多数项目来说预制率可能会增加到 90%，利用深化后的 BIM 模型推广预制加工技术在理论上是完全可行的。下面通过一个消防项目的喷淋系统预制加工案例对此进行初步探讨。

9.1 项目概况

该项目为一个居民小区的地下车库机电安装工程，该小区包含综合楼和幼儿园楼各一栋，其他均为居民楼。地下部分只有一层，单元楼位置的地下层区域层高为 5800，地下车库区域层高为 4000，大部分梁高为 1000 和 800，因此地下车库区域梁底最大净高为 3000，地下室人防区域和非人防区域合计面积为 7 万多平方米，主要专业包含通风、强弱电桥架、消防喷淋和给水系统，并包含消防泵房和给水泵房。

甲方提出，机电安装施工完成后，地下车库能够满足 2400 的净标高。因此机电系统安装空间高度很不宽裕，项目组决定采用 BIM 技术进行管线的综合排布。考虑在该项目中喷淋系统的体量比较大，相对来说管线系统不复杂，所以决定利用 BIM 技术进行喷淋和消防管道工厂化预制加工的应用试点，以达到节约成本和绿色环保施工的目的。

9.2 预制加工的特点及优势

目前大部分机电安装工程的管线施工都是购买成品材料，根据设计要求进行现场下料、加工、组装。机电安装工程涉及专业多、系统复杂的特点造成了管道工程材料种类繁多，材质复杂多样。施工过程中每安装一个区域都要考虑材料如何进场，进场后如何保护，现场作业区域的排布等问题，投入很大的时间和精力。在施工过程中现场比较杂乱，施工安全问题突出。传统的安装施工方式难以进行下料的统筹优化，材料浪费现象比较严重。

预制加工技术是利用精确的 BIM 模型，通过管道合理分段的模式，分类统计不同管段需要的管材材料、长度及数量，生成加工所需的图纸资料，在工厂进行生产加工，然后把成品运送到现场再进行安装，包括所需要的构件、弯头等。当模型精细度足够时，BIM 提取量非常精确，施工现场只是负责成品保护及现场安装，减少甚至避免材料的现场加工环节，满足绿色施工的要求。其特点可以归纳如下：

（1）标准化预制，安装效率高　工厂化生产加工前，利用 BIM 模型对管道进行编码，不同种类的管道编制不同的号码，根据编码统计管道的种类、数量，进行机械化切割、焊接，效率和精度高。同时现场无管道加工作业，只需要安装，保证了管材精度，提高施工效率。

（2）有利于现场的施工管理　成品化的管件进入施工现场后按照编码分类保护管理，物料统计方便，有利于现场管理，也有利于施工安全。

随着机电安装施工标准越来越高，管线的预制化加工是必然趋势，相关企业利用合适的项目进行探索及实践，必将为企业竞争力的提高提供更好的技术保障。

9.3　建模流程及注意事项

该项目的特点是标高要求较高，地下车库层高 4000，梁底净高为 3000，安装完成后净高要求 2400。其中最大风管厚度为 500，风管贴梁底安装，考虑土建施工误差，不能直接贴梁底走管，将风管的管底标高设定为 2450，因此为保证净高要求，其他的管线均不能低于风管。在进行管线排布初步方案设计时，电气桥架距离梁底 50 排布，管道按横竖走向分为两层。

项目组在进行了充分讨论的基础上，制订了该项目 BIM 技术实施的流程图，如图 9-1 所示。

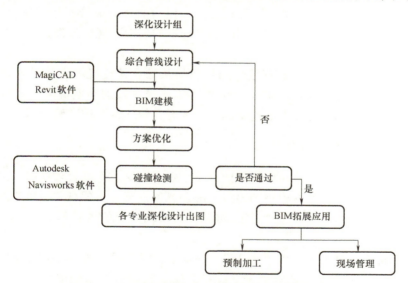

图 9-1　某地下车库机电安装工程 BIM 应用流程图

该项目首先进行了土建系统的建模。在分析建筑结构图纸的基础上，项目组利用 Revit 软件建立了建筑结构模型，由于该项目地下室人防区域和非人防区域合计面积为 7 万多平方米，这种大体量的模型，在 Revit 软件中是很难一次完成的，即使能够建立一个完整的模型，也不建议这样做，因为模型体量过大会导致软件运行速度非常慢，影响后续调整优化的工作效率。因此，在该项目中，土建部分按照人防区域和非人防区域两个部分分开建模，所有的单元体单独建模，只要确定各单元体的基准点，通过模型链接就可以获得完整的建筑结构模型。要注意的是，模型导出的时候，建议把相对于地面标高的梁底高度一起导出，后期机电管线综合调整的时候随时可以查看梁的高度，有利于设定机电管线的标高。

在该项目中，土建模型的主要作用是配合机电系统进行管线综合和碰撞检查，并生成预留孔洞图。所以土建专业建模的时候门、窗包括防火卷帘门的几何及位置数据应保证准确，墙体的构造统一采用一种类型，因为只需要建筑结构的几何数据。

在建立机电专业系统模型之前，一定要在分析设计资料的基础上进行综合考虑，列出需要特别注意的关键点，分析原始设计图中可能存在的问题，并与设计方进行沟通，在此基础上选择合适 BIM 软件建立机电系统模型。该项目机电系统建模选用的是 MagiCAD 软件。

在该项目机电系统建模过程中，因为要考虑后期的预制加工，所以建模时管件尽量标准化，减少管件的种类，有利于提高加工效率和后期的成品管理。

9.3.1　暖通系统模型的建立

在该项目中机电系统首先进行的是暖通专业模型的建立，该项目的通风系统主要包括送风和排烟。因为标高的限制，通风系统模型在后期尽量不进行调整，通风风管尽量不要出现翻弯等情况，即使调整也只是左右位置的移动，所以在建模时暖通专业模型可以尽量建立完整，在建立初步模型时风口的模型也可以添加上。该项目暖通模型建立时有两个问题需要特别注意：

（1）空调风管的对齐问题　常用的空调风管对齐方式有三种：顶对齐，中心对齐，底对齐。当安装空间比较紧张，通风管道在最上层时，通常采用顶对齐的方式。当安装空间比较宽裕时，可以选择中心对齐的方式。该项目中，因为通风管道管底标高决定了最终净高，桥架和其他管道碰到风管时只能上翻，同时为了保证安装后的视觉效果，所有通风管道全部采用底对齐的原则。

（2）通风风管和其他管线上翻问题　通风风管从综合楼或者单元楼进入地下车库区域时，综合楼的梁底标高要比车库高 1000，为提高单元楼区域的净空高度，风管和其他管线在此处要上翻，在建立初模时要考虑这个问题，或者在管线综合的时候考虑。

9.3.2　电气桥架系统模型的建立

在该项目中电气专业依旧只考虑桥架的排布，建议在对桥架进行建模时，无论什么形式的桥架都先绘制成一种，只要在模型调整时能够和风管进行区别即可，当管线综合、碰撞检测没有问题后，利用 BIM 软件的特性更改功能，更改成需要的桥架形式，这样可以提高初模建立的效率。

该项目中，桥架的最大尺寸为 800×150，基本上确定了桥架的架底标高为 2800，可以利用软件统一按照 2800 的底标高进行桥架的建模。绘制模型时可以先按照二维图设计的走向进行，即使在建模的时候发现需要改变位置，也尽量先不要调整，以便于建模后模型和底图的核对。若边建模边调整位置，若桥架的模型位置与原始设计图走向有较大偏差，对于规模比较小，系统简单的项目是可以的。而该项目即使将地下室分为两个区域，每一个区域还有 3 万多平方米，若桥架模型与原始设计图走向偏差较大，当核对模型和底图，检查是否有遗漏的时候就不容易了。要注意，建模后应一次性把所建立模型的几何数据与原始设计图核对清楚，减少后期不必要的麻烦。

电气模型建立之后，就可以和风管及结构模型进行管线的初步调整和碰撞检测，目的是解决桥架专业自身的碰撞，以及和风管、结构的碰撞点。在调整桥架模型时，要注意两个问题：

1）调整桥架模型时，桥架间距在满足规范要求的情况下尽量紧凑，这样有利于综合吊架的应用，如图 9-2 所示。

2）桥架的翻弯原则。桥架与风管碰撞时尽量翻桥架，桥架和桥架碰撞，尽量翻尺寸小的桥架，如图 9-3 所示。

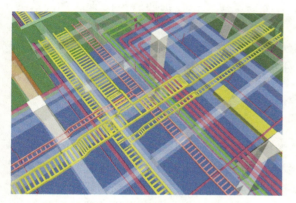

图 9-2　某地下车库桥架模型图局部 A

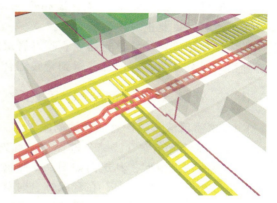

图 9-3　某地下车库桥架模型图局部 B

桥架底部标高为 2800，风管管底标高 2450，风管最大厚度为 500，风管采用底对齐排布，风管末端支管因为规格较小，管顶标高通常低于 2800，与桥架交汇时不会发生碰撞，如图 9-4 所示。如果风管是顶对齐排布，所有的风管管顶标高均为 2950，桥架和风管只要交汇就会碰撞，后期调整工作量大，这也是风管采用底对齐原则的原因之一。

图 9-4　某地下车库末端风管与桥架模型图局部

如图 9-4 所示，通过 Navisworks 软件的构件特性功能可以查看风管的尺寸、标高等参数。

9.3.3 给排水、消防、喷淋系统模型的建立

下一步进行给排水、消防、喷淋系统模型的建立，这是该项目的重点。因为体量比较大，建模之前首先确定初模建立的规则：

1）DN50 以上的管道全部建模，喷头及支管先不建模。

2）标高的确定。首先全部按照 2600 的中心高度建立模型，标高设定 2600 的原因是消防和喷淋系统最大管径 DN150，外径基本为 170，这样消防管道的管顶标高不大于 2700，电气桥架底部标高是 2800，消防管道和桥架交汇时不会发生碰撞，消防管道的管底标高约为 2500，能够满足业主对净高的要求。

建模规则确定后，进行建模。喷淋管道建模是比较繁琐的，在建立初模时，喷淋支管只画到第一段分支管，其他部分留到管线综合、碰撞检测后再建模。

9.3.4 管线综合、优化设计及碰撞检测

1. 该项目管线综合需注意的问题

（1）在地下车库管线综合过程中，首先要考虑的是管线尽量集中　根据建立的喷淋系统主管道的初步模型，其走向如图 9-5 所示，发现喷淋主管道比较分散，而且有主管道横穿单元楼梯地下一层的情况，在管线综合时首先考虑把喷淋主管集中排布。经过优化把喷淋主管集中到车道附近，目的是为了便于应用综合吊架，而且管线集中起来也比较美观，效果如图 9-6 所示。

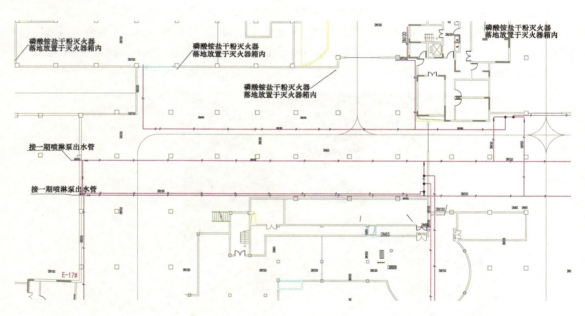

图 9-5　某地下车库喷淋系统主管道走向图

（2）喷淋和给排水、消防管道的分层排布　在建立初步模型的时候，管道中心标高统一设定为 2600，但管道走向不可能相同，该项目中消防管道在地下车库区域形成环路，喷

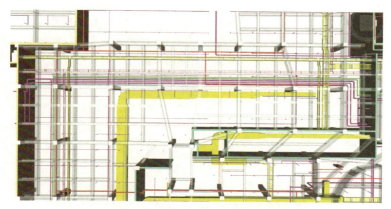

图 9-6　某地下车库喷淋系统主管道优化后走向图局部

淋管道通过主管道分散至各个防火分区，给排水管道通过主管道进入各单元楼。在管道分支和拐弯的区域必然会形成大量的碰撞点，因此消防和喷淋管道考虑分成两层，需要确定管道分层后的标高。

　　项目组规划消防和喷淋管道分两层排布后，初步设定下层管底标高为 2450，上层管底标高为 2650，这样保证上层管道的顶高最大约为 2750，低于电气桥架的底高 2800，但因为两层管道的标高差距太小，在两层管道交汇的区域翻弯时无法采用 90°的弯头，需要采用45°弯头或非标的 30°、60°弯头形成翻弯，此方案在与业主方沟通时，业主方感觉影响安装效果，但是如果降低下层管底标高至 2450，并采用 90°弯头翻弯，上层管底标高需要在 2820左右，这样与电气桥架的碰撞点就比较多。这两种方案各有利弊，最终交由业主方选定。因为该项目喷淋系统的工程量比较大，不同方案对成本有很大的影响。业主方最终选择上层管道管底标高 2820 的方案。定好管道分层标高后，进行消防和喷淋主管道的排布，管道分两层排布的效果如图 9-7 所示。

　　2. 消防、喷淋管道和风管交汇处碰撞点的处理

　　因为标高的限定，在该项目中消防、喷淋管道和风管在交汇处通常会发生碰撞，对于消防、喷淋管主管道与风管碰撞时的处理方法是利用梁间空间管道上翻，如图 9-8所示。

图 9-7　某地下车库消防和喷淋主管道效果图

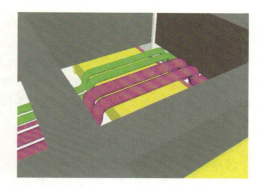

图 9-8　某地下车库消防、喷淋管主管道与风管交汇处效果图

3. 喷淋支管的绘制

喷淋支管、喷头在主管道方案完成后进行绘制，进行大体量的喷淋系统建模，因为分支众多，绘制分支时可以先绘制一段，其他的分支采用复制的方式即可。为了提高建模效率，分支建模的时候采用一种管径就可以了，如都选择 DN25 的管径，模型建好后利用软件自动计算生成实际管径，这也是采用具有喷淋管径自动计算功能 BIM 软件的好处，该项目喷淋支管建模后的效果如图 9-9 所示。

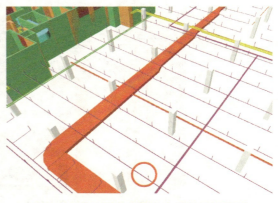

图 9-9 某地下车库喷淋支管效果图局部

图 9-9 中红色圆圈所示的喷淋支管，在该区域内结构大致相同，可以利用批量复制进行建模。

喷淋支管与风管交汇处翻弯时，需要注意以下几个问题：

1) 风管基本上都是靠近柱子位置布置，但是连接柱子的梁都是大梁，而最大的风管距离梁底 50，因此在确定风管和柱子间距的时候要保证喷淋管道或者消防管道能够有上翻出管的空间，这个间距确定后，所有的风管距离柱子都要保持这样的间距。

图 9-10 中的红色圆圈部位为喷淋支管与风管交汇处，此处支管上翻，利用梁间空间从风管上方穿过。

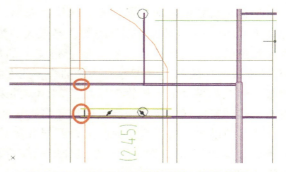

图 9-10 某地下车库桥架模型三维图局部 A

2) 喷淋支管遇到风管后管道上翻高度为 2950，所有的喷淋支管遇到风管上翻高度都应保持一致，目的是预制加工时上翻立管的长度统一，采用统一规格有利于提高预制加工的生产效率，便于成品管理，也利于安装。同时要考虑翻弯后横管的长度，以风管宽度最大时需要的长度为准，也要统一。例如，最宽风管的规格为 2000×400，这段横管的长度可以设定为 2300，喷淋支管所有与风管交汇的部位，只要翻弯，其横管全部采用这个长度，效果如图 9-11 所示。

根据规范，当风管宽度大于 1200 的时候，喷淋系统在风管底部需要增加喷头，为保证风管底部接喷头的支管长度一致，将喷头位置设置在最宽的风管中间，风管底部所有的喷头都排布在一条直线上，使用于风管底部连接喷头的支管都保持同样的长度，如图 9-12 所示。

安装完成后现场效果如图 9-13 所示。

如上所述，在喷淋系统建模时，就要为后面的预制加工做准备，在相关规则允许的情况下，使喷淋支管规格尽量少，提高预制加工时的效率，便于成品管理与安装施工。

3) 喷淋管道和电气桥架碰撞的处理。在该项目中，喷淋管道和桥架的碰撞点有两种处理方式，第一种是喷淋支管下翻避开桥架，如图 9-14 所示。

此时喷淋管道的翻弯要求，与其和风管交汇时类似，应按照所交汇的最大规格的桥架来定义下翻支管的高度及横管的长度。

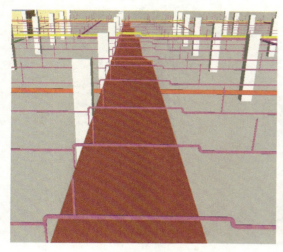

图 9-11　某地下车库喷淋支管与
风管交汇部位效果图

图 9-12　某地下车库风管底部喷淋支管效果图

　　另外一种处理方式就是当电气桥架与风管和喷淋管道交汇时，利用梁间空间桥架上翻，桥架越过风管后先不要翻下来，当越过喷淋管道后需要下翻时再翻弯。

图 9-13　某地下车库风管底部喷
淋支管安装现场图

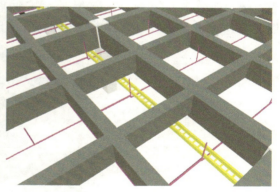

图 9-14　某地下车库喷淋管道与
桥架交汇效果图

4. 单元楼地下一层区域的管线排布

　　在该项目中，单元楼地下一层区域层高为 5800，比地下车库区域层高高了 1800，管线排布时应当充分利用这个高度差。在此区域，安装空间相对宽裕，将风管管底标高设定为 4100，高度最大的风管管顶距离梁底 200，此时如果喷淋管道在风管底部排布，会造成喷淋上喷支管间距大于 1200，不能满足相关规范要求。所以将喷淋管道排布在风管上部，图 9-15 所示为综合楼地下一层管路排布效果。

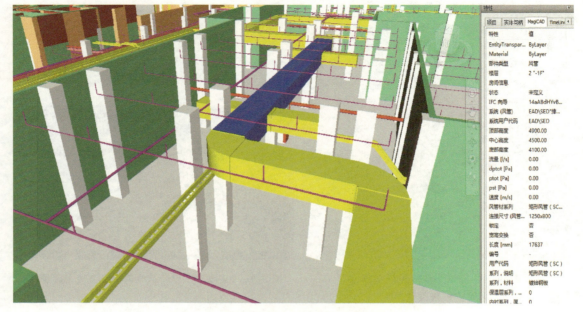

图 9-15　某综合楼地下一层管路排布效果图

5. 喷淋系统管径自动计算

因为该项目每个防火分区的喷淋系统基本上都增加了位于风管下的喷头，传统的方式是根据设计方给出的喷淋计算规则，统计喷头的个数，之后逐根调整管径，像这样大体量的喷淋系统，如果靠人工调整，效率是非常低的，所以必须要应用软件的自动计算功能。图 9-16所示为 MagiCAD 软件中喷淋系统管径自动计算界面。

图 9-16　MagiCAD 软件中喷淋系统管径自动计算界面

在 MagiCAD 软件中设定好计算规则后，直接利用软件的喷淋系统管径自动计算功能，自动计算相应的管径并自动更新图纸，这也是本章所述在喷淋系统支管建模时可以按照同一管径绘制，最后根据计算更新原因，这样使建模效率大大提高。

6. 方案校核

模型建立完整后，需要和甲方及预制加工企业进行方案协商，落实方案的可行性，并针对甲方和厂家提出的问题进行修改。该项目中，甲方主要关心的就是标高问题，这在方案排布的时候已经重点解决了，并且确保净高达到了 2400。而预制加工企业希望在管线交汇时能减少翻弯，以便减少管件预制加工的规格和数量，并对减少翻弯问题提出很多建议，在此基础上，管线排布做了进一步的优化。例如，利用防火区域喷淋系统立管刚引出喷淋水平管道的时候，降低管道标高至 2700，这样尽量减少与电气桥架的碰撞，如图 9-17 中红色区域所示。

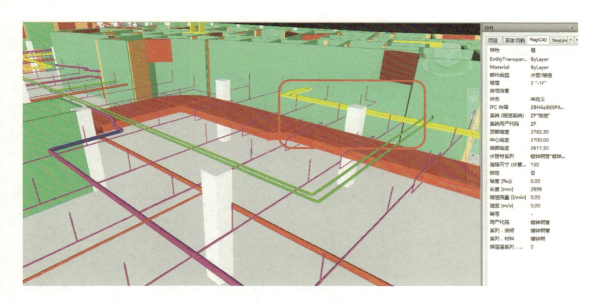

图 9-17　某地下车库防火区域管线效果图

7. 碰撞检测

当方案确认无误后，就需要做碰撞检测了，用 Revit 软件建立的模型通常导出至 Naviswoks 软件，在 Naviswoks 软件中将模型整合到一起后，利用 Naviswoks 软件的碰撞检测功能对模型进行检测，并生成碰撞检测报告。但在实际应用中，不是将模型进行一次碰撞检测，就能把所有碰撞点调整完毕的，而是需要反复修改、导出，进行多次碰撞检测，这样使用 Naviswoks 软件进行碰撞检测比较繁琐，效率不高。在此案例中，应用 MagiCAD 软件建模，并在 MagiCAD 软件中直接做碰撞检测，碰撞点显示在模型中，直接对碰撞点进行调整，效率较高。碰撞点调整完成后即可出施工图，该项目地下车库所出施工图目录如图 9-18 所示。

📁 建筑结构模型 (CAD)	文件夹	
📁 建筑结构模型 (RVT)	文件夹	
📁 绝对参照文件-非技术人员勿动	文件夹	
A 地下一层给排水施工图.dwg	DWG 文件	2,769 KB
A 地下一层管线综合图剖面图总.dwg	DWG 文件	2,851 KB
A 地下一层喷淋施工图二.dwg	DWG 文件	8,548 KB
A 地下一层喷淋施工图三.dwg	DWG 文件	6,776 KB
A 地下一层喷淋施工图一.dwg	DWG 文件	6,726 KB
A 地下一层喷淋施工图总.dwg	DWG 文件	21,267 KB
A 地下一层强电桥架施工图.dwg	DWG 文件	1,123 KB
A 地下一层弱电桥架施工图.dwg	DWG 文件	513 KB
A 地下一层通风施工图二.dwg	DWG 文件	3,341 KB
A 地下一层通风施工图三.dwg	DWG 文件	3,117 KB
A 地下一层通风施工图一.dwg	DWG 文件	3,059 KB
A 地下一层消火栓施工图.dwg	DWG 文件	3,632 KB

图 9-18 某地下车库施工图纸目录

根据业主的要求，该项目将土建与机电模型整合在一起，生成了地下层完整的 BIM 模型，效果如图 9-19 所示。

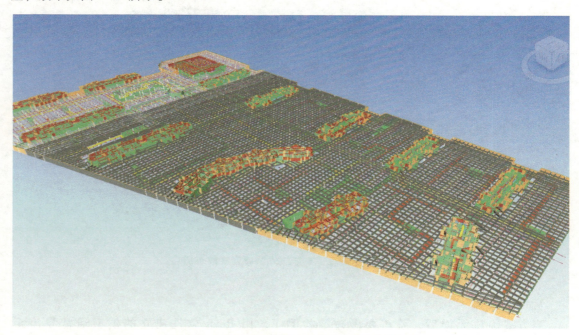

图 9-19 某居民小区地下层 BIM 模型整体效果图

9.4 预制加工资料提取

9.4.1 导出预制加工企业所需要的文件

加工企业通常需要 IFC（Industry Foundation Classes）格式的文件，可以直接利用 Magi-CAD 软件导出 IFC 格式的数据文件，目前 IFC 数据格式是 BIM 软件数据传递中比较常用的标准。

应当注意，虽然 IFC 标准从美国标准已被接受成为 ISO 标准（ISO/PAS 16739）。各大 BIM 软件开发企业如 Autodesk、Bentley、Graphisoft、GT、Progman 等均宣布了各自旗下软件产品对 IFC 标准的支持，但现状是不同企业的 BIM 软件之间基于 IFC 标准进行数据交换时，数据丢失现象非常严重，真正实现基于 IFC 标准的数据共享和交换还有很长一段路要走。

在 MagiCAD 软件中导出 IFC 格式的数据文件，软件设置界面如图 9-20 所示。

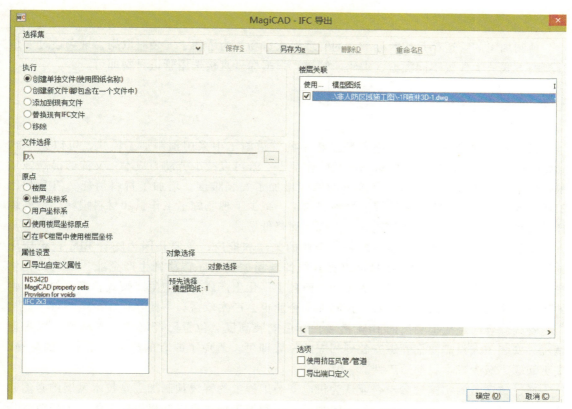

图 9-20　MagiCAD 软件中导出 IFC 格式的数据文件设置界面

9.4.2　企业提取模型数据用于加工

预制加工企业在拿到模型文件后，对模型中的管段进行编号，导出带有管道长度的管道编号表，这个功能可以利用 MagiCAD for Revit 版本的软件自动实现，当得到管道规格、材料和长度数据后，就可以加工生产。

9.5　现场安装的问题汇总

该项目现场施工时，技术人员首先按照图纸进行支吊架的安装，基本上是完成支吊架安装后，管道材料才进场。所以，施工现场一直保持的比较干净整洁。管道现场安装时，施工放线都要严格按图纸执行，因为整个 BIM 精细度较高，完全可以根据模型安排各专业施工顺序，分区域错时施工，提高安装效率。

9.5.1 材料校核

管道材料是按区域进场的，生产企业在材料进场前对其进行了编号，施工企业可以利用软件的工程量统计功能得出精确的管道材料及构件、弯头的数量和它们的编号，以便与进场的材料进行核对。

9.5.2 成品保护

预制加工的管道都是按照标准件的管理模式进场，为了便于安装时取用，现场通过三角管架的方式分类放置不同类型、编码的管道，根据标号直接选用管道材料即可。

9.6 项目总结

根据相关部门统计，在机电安装工程中的管道施工中采用预制加工模式，可以减少约 60% 的现场操作工作量，减少 90% 的危险作业点。既可以减少劳动力成本，又能够提高施工工作效率。该项目虽然因为净高要求的原因增加了安装难度，增加了材料消耗，但是利用 BIM 技术实现了消防喷淋系统管道的预制加工，减少了现场施工工作量和材料损耗，最终统计结果显示整个项目成本比传统施工方式反而降低了。

预制加工技术之所以能够得到施工企业的关注和推广，主要是因为随着 BIM 技术应用的深入，利用 BIM 提取相关信息可以把管线的现场加工工序转移到生产企业，以自动化生产代替人工操作，生产效率有质的飞跃。而且工厂化生产属于集中生产模式，管道加工产生的尾料能及时得到二次利用，对于预制加工企业也会产生效益。

管线综合与碰撞检测后的 BIM 模型，管道安装高度、位置已经确定，支吊架可以先期就位，安装工人只需要把管道安装到相应的位置即可，避免了原有的施工方式常见的碰撞、变更问题，减少成本，缩短工期。

通过该项目的实施，参与企业认为机电安装工程中的管线预制加工是技术发展的必然趋势，不仅是管道，也包括支吊架的预制加工。预制加工深度可以在机电安装的各个环节逐步延伸，提高企业绿色施工水平。

第 10 章

某公用建筑机电安装项目综合支吊架案例分析

随着社会的发展，人们对建筑物的功能性要求越来越高，在机电安装工程中电气、暖通、空调、给排水、安防、通信等专业集成度、复杂性越来越高，对安装质量、空间利用率的要求也越来越高。因此，在管线集中区域综合支吊架的应用越来越普遍，特别是利用 BIM 技术进行管线综合及碰撞检测后，综合支吊架有了应用的基础。因此，设计和施工人员对 BIM 软件也开始提出综合支吊架功能的需求，但是目前支持综合支吊架功能的软件种类比较少，MagiCAD for Revit 版本软件中的综合支吊架模块功能不错，但只限于用 Revit MEP 建立的模型。MagiCAD for AUTOCAD 版本软件的综合支吊架模块只能满足单专业支吊架的应用，对于综合支吊架的应用还有一定的欠缺。因此在综合支吊架应用方面，设计人员更多的是通过 Revit 或者 CAD 软件直接建立支吊架模型，采用这种方法时，设计人员的工作量相对比较大。

针对综合支吊架的应用，本章通过某公用建筑机电安装项目的管廊区域设计与施工为例做简单介绍。

10.1 项目概况

该项目为某公用建筑，因功能需要，其机电系统包含专业比较多，其中电气系统包含动力、消防、防火、信息、通信等部分，暖通系统包含空调水、空调风（排烟，送风等），管道系统包含喷淋、消防、高压细水雾、气体灭火等十多个专业系统。管道主要集中在各层的管廊区域，同时业主对于每一层管廊的吊顶标高都有较高的要求，造成了管廊区域管线密集，排布困难。为保证安装质量和安装效果，在项目的管线方案优化排布时，对于管廊区域就要考虑综合支吊架的应用。

该项目所有的管廊区域全部采用了综合支吊架，本章选取地下一层管廊区域进行分析。该项目地下一层有三个变电所和两个电源控制室，其余部分为空调机房和备品间。地下一层的层高为 5400，梁底标高 4550，设计吊顶标高 3000，为 H 形管廊。因为空调机房和变电所都在该层，所以该层是整个项目中管线最集中的区域。从机房出来的风管、桥架等全部由管廊进入管井，管廊区还包含消防管道、空调管道和多联机管道。专业系统多、管线密集。所以在方案深化初期就按照综合支吊架的应用要求考虑整个项目的管线排布。

10.2 综合支吊架的特点

（1）美观 对于管线比较密集的地方，如果不采用综合支吊架的安装方式，往往容易造成空间规划不合理、管线安装混乱、后期维护不便、感官效果差等后果。采用综合支吊架，管线安装层次感会非常好，安装效果整齐美观。

（2）节约成本 虽然每个支吊架的成本不是很高，但是整个项目算下来，支吊架的材料、安装费用也是一个非常大的数字，采用综合支吊架，能够充分利用安装空间，节省材料，整体成本下降明显。

（3）安装施工一步到位 综合支吊架的应用能够确保各系统安装一步到位，若不采用综合支吊架，虽然管线安装前都已经排布完毕，但是安装过程中难免各专业系统出现安装误差，造成新的管线碰撞问题。综合支吊架安装就位之后，各专业根据在支吊架上的位置按照自己的管线走向定位，可以保证各专业系统直接安装到位。

（4）提高空间利用率 对于空间比较狭小，管线走向比较复杂的区域，采用综合支吊架能有效地减少各专业吊架所占用的空间位置，使管线排布更加整齐和紧凑，减少安装空间的浪费，从而提高整个项目的空间利用率。

10.3 吊架模型的建立

10.3.1 管线综合排布

为保证安装质量和安装效果，该项目在进行最初的管线方案设计时对于管廊区域就考虑了综合支吊架的应用。初始设计方案某处剖面图如图 10-1 所示。

所采用的吊架图纸如图 10-2 所示。

初始设计图中所采用的吊架为三层吊架，但是对此设计方案进行分析后发现，管线排布中少了一根加湿管道，一根冷凝水管，少了两根 100×100 信息桥架。而且这是一个局部走向剖面，管路排布已经比较紧凑，如果管道出现分支或者拐弯的情况，排布空间需要再次调整，业主对标高的要求就很难满足了。所以在进行管线综合的时候，一定要深入分析，考虑全面。综合分析该管廊区域管线排布后，对初始方案重新优化，为保证业主的标高要求，增加了管廊宽度，具体优化过程不是该章节的重点，所以不再描述。

该项目走廊区域为 H 形走廊，中间管廊通过与设计方沟通，管廊宽度增加 1000，由初始设计的 2200，变为 3200，对于该位置优化后的剖面图如图 10-3 所示。

该方案综合考虑管道的左右分支和管道的拐弯空间。整个 H 形走廊区域全部采用综合支吊架，当整体管线方案调整优化完毕，即可进行吊架定位。

10.3.2 支吊架的定位图

管线综合之后，首先要确定支吊架的位置，该项目是依据消防管道进行支吊架的定位。消防管道一般是卡箍连接，在卡箍连接点前后 500 的位置都需要安装吊架，消防管道采用 6m 一根的标准管道。而空调水管为焊接管道，支吊架位置与焊接点关系不大，所以通常按

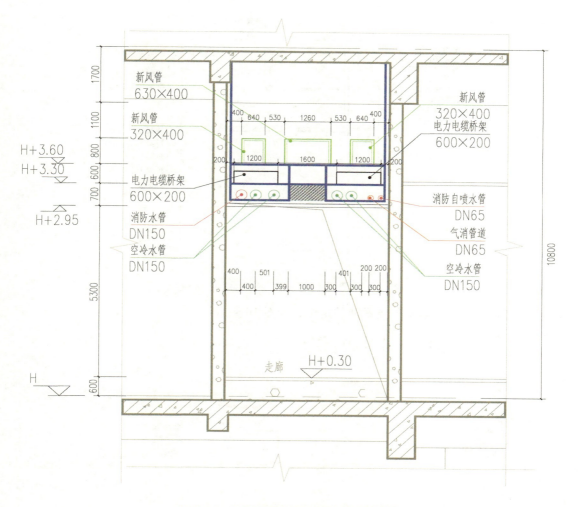

图 10-1　管廊区初始设计方案某处剖面图

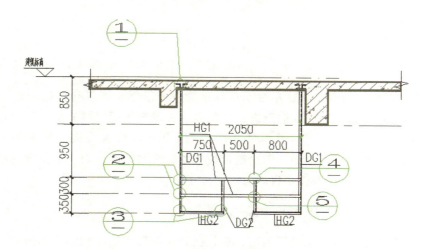

图 10-2　管廊区初始设计方案某处综合吊架图

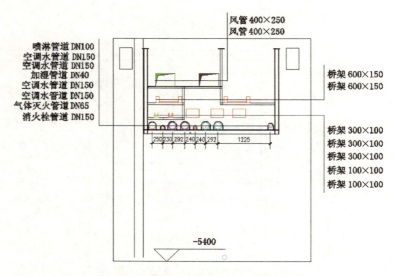

图 10-3　管廊区优化设计方案某处剖面图

照消防管道的卡箍连接点进行支吊架的定位，如图 10-4 所示。

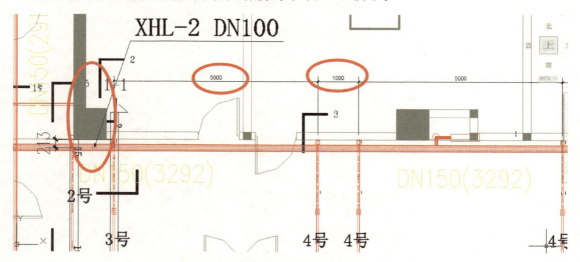

图 10-4　管廊区域综合吊架排布图

以 XHL-2 立管为起始点，立管左右 500 各布置一个吊架，如果和梁比较近，吊架尽量挂在梁上，但不一定严格按照 500 的距离。依此类推，确定管廊区域的支吊架位置，位置确定后，每一个位置都要做一个剖面图，剖面图可以用 BIM 软件直接从 BIM 中提取出来，生成剖面图的目的主要是可以根据剖面图绘制该位置的综合吊架图，每一个位置的吊架结构不一定是相同的。图 10-5 所示为该项目局部吊架排布图。

10.3.3　利用软件或者直接绘制吊架模型

支吊架的排布图确定后，绘制吊架图，要根据每个剖面绘制不同结构的吊架，可能有的位置剖面结构是一样的，吊架结构也是一样的，所以刚开始不能简单地根据位置来对该处的

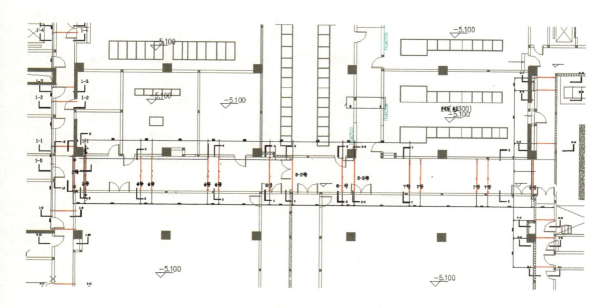

图 10-5　管廊区综合吊架排布图

吊架进行编号，需要根据剖面图确定不同结构的吊架进行编号。

如图 10-6 所示，根据剖面 2 可以确定该处吊架的形式，两侧吊杆与横担均为槽钢，与

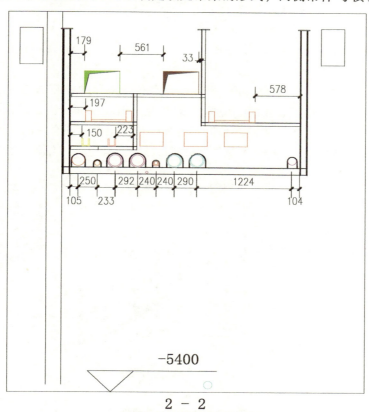

2 - 2

图 10-6　管廊区剖面 2

此位置相同的剖面结构可以使用同一类型的吊架，其标号为 3 号综合吊架。同理，其他位置根据剖面图绘制相应的吊架结构，按顺序给综合吊架标号，并进行草图的绘制。

绘制完草图，确定了每个位置的吊架编号之后，即可建立吊架模型。建立吊架模型的第一步是吊架材料的选择。

吊架和横担能否满足使用要求首先取决于材料的选型，通常设计人员是根据国标图集和经验进行选择的，目前 MagiCAD for AUTOCAD 版本的软件能够进行支吊架材料的选型和校核计算，但是因为软件提供的吊架形式的局限性，只能对常用形式的吊架进行计算，对于这种不规则的吊架，软件还没有办法进行整体综合计算。所以此项目中吊杆和横担的选择是通过经验初选，并与设计方多次沟通校核得出的。

综合支吊架的常用材料有圆钢、等边角钢、普通槽钢、普通工字钢等，考虑该项目管线众多，吊架负载较重，所以主吊杆选用 100 的槽钢，以保证吊架的安全性。吊架的具体尺寸如图 10-7 所示。

此图也可以作为 3 号综合吊架的生产图纸。

当吊架的结构形式及具体尺寸确定后，即可进行三维建模，若应用 Revit 软件，可以通过建立支吊架族的形式建模。MagiCAD 软件的综合支吊架模块中支吊架形式有限，该项目利用 AUTOCAD 软件做截面草图，然后通过拉伸和放样功能生成

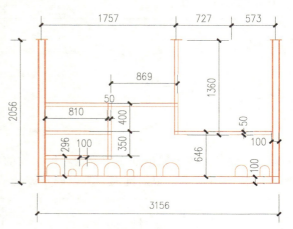

图 10-7　3 号综合吊架尺寸图

吊架的三维模型。具体步骤：先做 100、50 、30 等不同型号的槽钢或者角钢的截面草图，通过拉伸命令拉伸不同的高度，生成相应的槽钢或者角钢。根据剖面图，通过多视口操作，在空间中移动或者旋转不同的位置或者角度，将槽钢或者角钢放到合适的位置，即可生成相应形式的吊架，如图 10-8 所示，为利用 3 号吊架尺寸图，建立的三维模型效果。

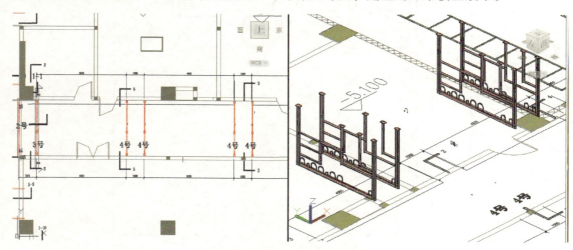

图 10-8　某处综合吊架模型图

如图 10-8 所示，支吊架横担上管道卡箍一定要绘制，这是根据管线的位置生成的，当卡箍绘制定位后要在横担槽钢相应的位置上打孔，根据支吊架图纸在地面上打孔作业相对来说容易，若图纸上未标注，将综合支吊架安装到梁上或者楼板上后，根据管线安装位置再去打孔，一个是作业不便，二是易产生定位偏差。

图 10-9 所示是根据管道排布生成的综合吊架三维效果图。

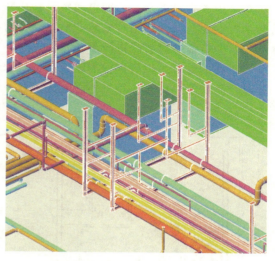

图 10-9　某处综合吊架三维效果图

10.3.4　碰撞检测

当综合支吊架模型全部建立完成后，不是生成剖面图就可以了，一定要把综合支吊架放到机电系统综合模型中进行碰撞检测，检测的目的是检查管道的间距是否合理，管道和吊杆之间是否产生了碰撞，如果管线排布过于紧凑，吊架在管线间穿插难免会产生碰撞，因此为了确保所有综合支吊架没有安装问题，必须进行碰撞检测。

需要注意的是，以往很多设计人员在管路方案综合排布时，只考虑管线的碰撞，并未考虑支吊架的安装问题，往往会造成管路排布完毕，支吊架无法安装，因为管道把吊架的空间占用了，如图 10-10 所示。

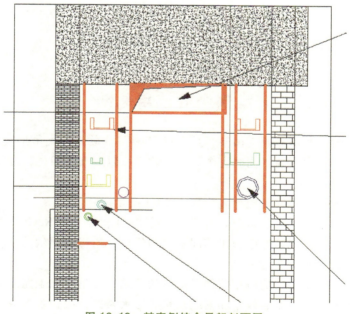

图 10-10　某案例综合吊架剖面图

图 10-10 中，800×250 的排烟管道有排烟口下行，所以排烟口下方无法安装管道（如果

把排烟管道放到最下层，后期电缆敷设会比较困难），按照图 10-10 方案排布，空调冷冻水管与吊杆的距离太近，很难安装。所以此种情况好像无碰撞，看上去可行，但是实际施工非常困难，通常需要对管线进行重新排布。

当所有的综合吊架碰撞检测结束后，根据每个剖面出综合吊架图，如图 10-11 所示。

综合吊架图可以直接用来指导工人进行吊架的现场加工，或者提供给企业进行吊架的定制生产。

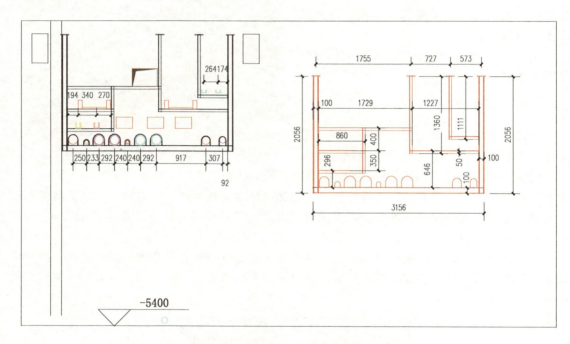

图 10-11　4 号剖面图及对应编号的吊架图

10.4　综合支吊架在该案例中的应用总结

对于该项目其他一些单专业支吊架，是通过 MagiCAD 软件的支吊架模块来设计完成的。通过软件绘制支吊架效率更高，同时有个好处是软件可以对支吊架材料进行自动统计，如图 10-12 所示。

并可以自动生成支吊架材料统计表，如表 10-1 所示。

这对于材料的采购有很大的帮助。对于一般的 CAD 软件或者 Revit 软件建立的模型现在还很难做到这一点。所以在设计中利用不同软件的优点，通过不同软件的特长来弥补各软件的不足，对于提高设计效率非常重要。

在该项目中，综合支吊架的应用获得了很好的效果。支吊架加工完成后，按照定位图安装对提高各专业系统管线的安装效率和安装质量有很大帮助，因为各专业按照自己管路的位置，依据预定好的工序直接安装即可，不用各专业自己定位、制作、安装吊架。这使安装能够一步到位。

图 10-12　MagiCAD 软件的支吊架材料自动统计界面

表 10-1　MagiCAD 软件生成的支吊架材料统计表

类型	名称	规格	数量	单位	相同个数
单层吊架(圆钢吊杆)					
未编号	型钢	D10	2325.934	m	1131
未编号	型钢	L90×6	482.448	m	1131
未编号	铺底钢板	100×100×10	2262	块	1131
单管吊架					
未编号	型钢	D10	0.643	m	1
未编号	管箍	D80×50×10	1	个	1
未编号	铺底钢板	100×100×10	1	块	1
双层吊架					
未编号	型钢	C8	73.568	m	26
未编号	铺底钢板	200×200×10	26	块	13
总计					
	型钢	C8	73.568	m	
	型钢	D10	2326.577		
	型钢	L90×6	482.448	m	
	管箍	D80×50×10	1	个	
	铺底钢板	100×100×10	2263	块	
	铺底钢板	200×200×10	26	块	

图 10-13～图 10-16 所示是该项目地下一层管廊区域安装工序图。图 10-13 所示为空调风管的安装效果，图 10-14 所示为电气桥架的安装效果，图 10-15 所示为空调水管的安装效果，图 10-16 所示为管廊区安装完成后的效果图。图 10-17 所示为管廊区实际施工现场图。

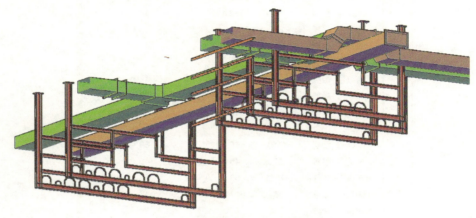

图 10-13　空调风管的安装效果

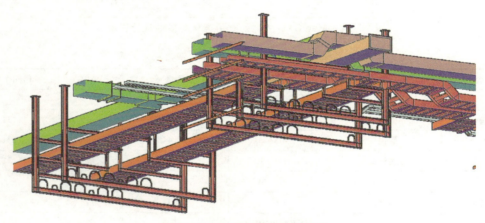

图 10-14　电气桥架的安装效果

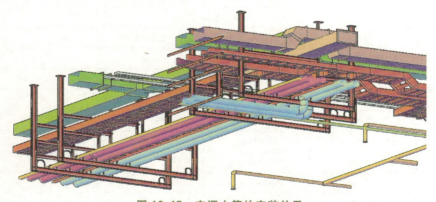

图 10-15　空调水管的安装效果

图 10-16　管廊区安装完成后的效果图

图 10-17　管廊区实际施工现场图

10.5　项目总结

　　该项目通过综合支吊架的应用，在管线密集的管廊区域，通过管线综合优化，结合综合支吊架设计后的碰撞检测，在施工前解决了类似项目常见的"错、漏、碰、缺"等问题，提高了安装效率和安装质量，节省了支吊架制作和安装成本，安装效果整齐美观，空间利用率高，达到了业主对于每一层管廊的吊顶标高要求，获得了业主和设计方的一致好评。

　　该项目的综合支吊架采用现场加工的方式，如果能实现支吊架的工厂化预制更好。目前进行综合支吊架预制加工的厂家比较少，相信随着 BIM 技术应用的深入，管线系统深化设计完成后直接生成下料单，工厂预制加工后进行现场安装，实现环保、高效的建筑安装作业是未来的发展趋势。

第 11 章

某地铁站机电安装项目案例分析

随着经济发展，城市中交通出行问题越来越重要，国内各大型城市都在大力发展轨道交通系统，地铁工程成为近期城市建设的热点。地铁项目具有投资大、建设周期长等特点，其机电安装工程是地铁项目中重要而又复杂的部分，管线综合问题处理的得当，既有利于地下空间充分、合理、有效的利用，又有利于管线的施工安装和管理维护。若在设计阶段没有处理好这个问题，会使施工难度增加，延误施工工期，造成投资管控困难。

地铁项目的机电安装工程重点在地铁站区域，通常地铁站对空间利用率要求高，设备、管线密度大，管线综合设计难度大。地铁站的机电系统主要包括通风、空调、给排水、消防给水、动力照明、火灾报警系统（Fire Alarm System，FAS）、建筑设备自动化系统（Building Automation System，BAS）、供电、通信、信号系统等，而且每个地铁站基本上都包含制冷机房、消防泵房。因此，在地铁项目的施工中，大多数施工企业都在考虑如何通过BIM技术指导管线综合及深化设计，及时发现原始设计中存在的问题，为安装施工和运行维护做好技术支持。

目前，很多关于地铁工程应用 BIM 技术的研究项目及案例分析，在优化设计、指导施工、运营维护支持等方面提出了各种方法和思路，具有很好的借鉴意义。但是所有的应用都有一个重要的前提，即系统模型的建立，如何构建地铁工程的机电系统模型，满足实际应用的要求，这是 BIM 技术在地铁工程中应用的重点。

11.1 项目概况

本章以一个地铁项目中某站点的机电系统安装工程为例介绍 BIM 模型建立的过程和方法。

此站点为某城市地铁七号线的一个车站，车站总长 478m，为东西向，东端最宽处为 56m，西端最宽处为 52m，标准段宽 19.7m，车站设计客流量为 16391 人/h，车站的站厅站台共 2 层，为明挖法施工，带物业开发的岛式车站。东西两端为设备区，中间为公共区。站厅层公共区面积 1800m^2，站台层公共区面积 1185m^2，通道面积 435m^2。物业层位于地下一层，面积为 2532m^2。

该项目空调系统分为以下几部分：

（1）隧道通风系统　根据隧道通风系统的要求，在车站两端及分管区间布置相应的隧道通风设备。车站部分的机电系统设计只完成相关系统的平面图、剖面图及系统图，工艺图由系统专业施工队伍完成。

（2）车站公共区通风空调和防排烟系统，简称为大系统　根据地铁运营环境要求，在车站站厅站台的公共区设置通风空调和防排烟系统，正常运行时为乘客提供舒适的候车环境，事故状态时迅速组织排除烟气。

（3）车站管理及设备用房的通风空调和防排烟系统，简称为小系统　根据地铁设备管理用房的工艺要求和运营管理要求，设置通风空调和防排烟系统，正常运行时为运营管理人员提供舒适的工作环境，并为设备正常工作提供必需的运行环境，事故状态时迅速组织排除烟气。

（4）车站空调水系统　该地铁线各站大小系统的空调冷冻水为分站供冷，均由各站冷冻机房提供，车站设计中包括水系统所有的设备和管路。

该车站电气系统情况为：站厅层两端各设置一个环控电控室，分别实现为车站两端的环控设备配电、保护和控制，电气系统还包括 FAS、BAS、门禁等。

该站点机电系统比较复杂部分，如制冷机房、环控机房、环控控制室都集中在站厅层，所以本章选取该站站厅层的机电系统建模为例。

11.2　模型建立的思路

在地铁项目建模之前，首先要对地铁项目的机电安装工程特点有大致的了解，地铁站工程之所以复杂，是因为包含的专业系统比较多，在这个项目中站厅层包含了冷冻机房、消防泵房、环控机房等，风管包括空调系统的排风、排烟、送风等，电气系统包括动力、母线、火灾、信息、通信等，管道包括消防、空调水、给水、污水等，涵盖了十多个专业。

该项目建筑高度为 5700，建筑净高为 4900，地铁站建筑的特点是空间属于窄长型，从机房出来的管线通常沿着管廊区进入各自的功能房间。地铁项目的机电系统建模思路和其他类型项目的建模思路相似，只是空间更小，专业较多，后期调整复杂。因此在分析设计院图纸的时候要求更加深入，一般这种项目分析、拆图工序应由两位工程师完成，按专业划分，之后相互校核，确保没有遗漏。

该项目机电系统 BIM 建模的思路是首先按照专业系统分别建立，进行管线综合时的工作顺序是从最复杂的泵房、机房开始，之后是管廊区域，最后各个功能房间。建模时先建主管道然后是分支管道。因为地铁站机电系统比较复杂，为便于模型调整，可以将其分为泵房区域、管廊区域、各功能房间区域三部分。这样在模型调整时分区域进行，效率高，相对容易。如果过早进行整体调整，常会有无处下手的感觉。

11.3　建模过程

11.3.1　建筑结构模型

对该项目建筑特点了解后，首先建立建筑结构模型。该案例中建立建筑结构模型采用的是 Revit 软件，这种情况下建筑结构的建模通常有两种思路：一种是只建墙体、梁、板等简单的建筑模型，能够满足配合机电专业进行管线综合的要求就可以了，模型简单，但视觉效果不是很好；另外一种思路就是将站内的一些特色构件尽可能做的细致一点，通过土建模型体现站内的标志性元素，土建模型精细度高，工作量比较大，但用于投标、成果展示，效果逼真。该案例采用第二种思路建模，局部效果如图 11-1 所示。

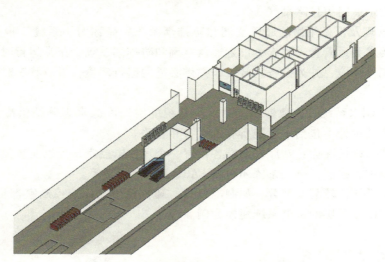

图 11-1　某地铁站建筑模型效果图

该土建模型中，闸机、扶梯、售票机等都是通过 Revit 软件的构件族来建模的，这些构件建立模型相对比较简单，但是通过这些特色构件，对整个建筑模型起点缀作用，效果明显。所以 BIM 建模人员平时要善于积累，不仅是素材的积累，也是经验的积累。当然土建模型的重点不是这些，是工程结构位置和构件信息的准确。要注意的是，无论什么项目，装饰、装修部分是单独的一个工序，其建模要求与土建和机电专业不同，工程量较大，也比较复杂，所以土建建模时要注意建筑结构和装饰、装修部分的区别。

利用 Revit 软件建立的土建模型可以导入到 MagiCAD 软件中，作为机电系统建模的参照，当然如果机电模型用 Revit MEP 软件建立，那么土建模型直接链接就可以了。

11.3.2　电气专业建模

因为地铁工程所具有的结构复杂、设备管线密度大等特点，与民用建筑有很大的不同，通常设计院在进行机电系统设计的时候也考虑得相对周密，管道标高标注较详尽，并进行管线的综合排布，这与地铁项目空间有限、土建变更困难有关。但即使如此，二维设计的局限性使"错、漏、碰、缺"等问题难以完全避免。相关人员已经意识到基于 BIM 技术的三维设计是解决此类问题的有效手段，目前很多设计院开始利用 BIM 技术进行设计、校核，从而提高图纸的精细程度。

电气系统建模的第一步是把电气图纸按照分专业拆图原则分拆出来，通常一边拆图一边对电气系统中的专业进行分析，这样也有利于对电气系统各专业的理解，该项目拆图之后，使用桥架的专业有母线平面、环控系统、监控系统，火灾报警、门禁系统，当然其他系统如照明平面图、应急照明图、火灾报警图等也要拆分出来。电气桥架建模顺序如下：

1. 以环控机房作为起点，对母线桥架进行建模

图 11-2 所示是环控系统电控室母线平面图局部，这是电缆母线相对集中的地方，通常从此处开始建模。

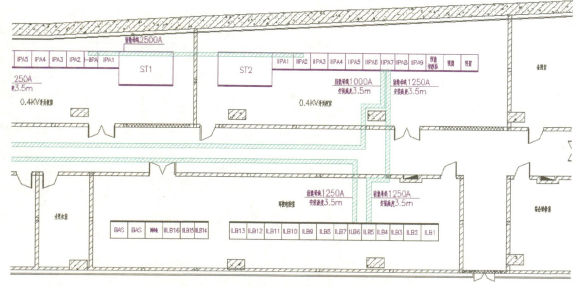

图 11-2　某地铁站环控系统电控室母线平面图局部

图 11-2 中，已经明确了设计高度，可以按照设计高度建模，这与民用建筑电气系统建模有所区别。民用建筑电气桥架通常按照建模工程师自己定义的高度建模，因为在民用建筑项目中，设计院图纸管线综合深度不够，设计标高参考意义不大。但是地铁项目，设计院在设计时通常是做过管线综合，所以建立模型的时候设计标高是有参照意义的，可以先依照设计标高进行建模，在此基础上再去考虑管线综合的问题。

把系统和产品信息提前在项目管理文件中建好，就可以利用 MagiCAD 软件电气模块直接绘制模型，对于电气控制柜，通常需要自己构建产品库，可以利用 Revit 软件建立族产品库的方式，建模效率较高。该地铁站电气控制柜三维效果图如图 11-3 所示。

2．环控系统桥架的建模

地铁项目中，环控控制系统是多个系统的总称，它的主要功能就是保证地铁项目中其他各系统功能的正常运行，就控制层次来说可以分为中央控制、车站控制、就地控制三个层级。

中央控制通过设置控制中心，对全线隧道通风系统进行监控，执行隧道通风系统预定的运行指令，同时对全线车站进行监视，向车站下达各种运行命令。车站控制主要监

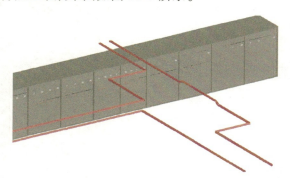

图 11-3　某地铁站电气控制柜三维效果图

视车站管辖范围内的隧道通风系统、车站通风系统和水系统，及时向运行控制中心传送信息，执行中央控制室下达的各项运行指令。就地控制具备单台设备就地控制功能，就地控制具有最高优先权，其包含空调水系统、隧道通风系统、公共区通风空调系统、设备管线用房通风空调系统。

在地铁项目的电气专业中，环控系统桥架就是用于布置以上所述各专业系统的线缆线路

的。因为控制的专业系统种类较多，桥架的尺寸规格通常比较大。在该案例中，环控系统电控室有两个，一个是用于控制冷冻机房、消防泵房及隧道通风系统，如图 11-4 所示。

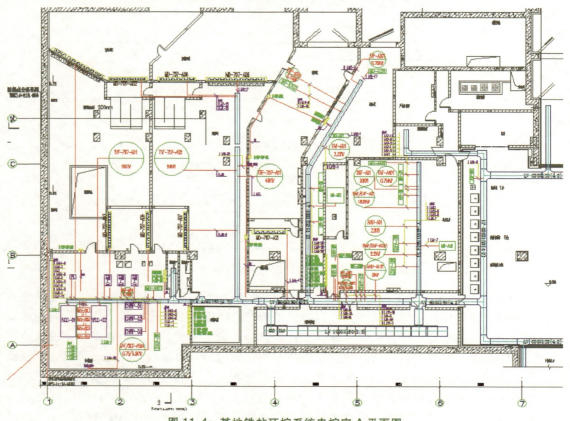

图 11-4　某地铁站环控系统电控室 A 平面图

另外一个是控制环控设备机房的，如图 11-5 所示。

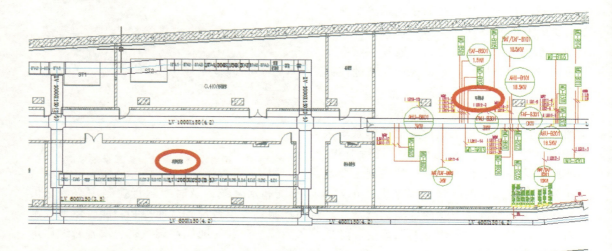

图 11-5　某地铁站环控系统电控室 A 平面图

根据设计资料，首先建立两个环控系统电控室桥架模型，如图 11-6 和图 11-7 所示。

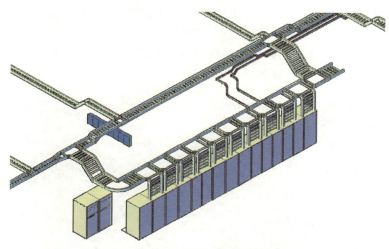

图 11-6　某地铁站环控系统桥架模型局部 A

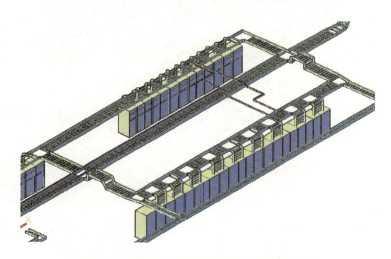

图 11-7　某地铁站环控系统桥架模型局部 B

3. 其他系统的桥架

弱电桥架包含火灾系统、监控系统、门禁系统等，这几个专业的模型按照相同方式建模。在该项目中，也考虑了灯具、烟感等设备，并建立了完整的模型。

当电气专业模型全部建立完毕后，首先考虑的是和结构专业的碰撞检测，这样可以避免后期管线综合时再次去调整电气与结构的碰撞。

4. 有关电缆线路 BIM 建模的问题

对于桥架内电缆的建模，该项目并没有考虑，那么在 BIM 应用中有必要对电缆进行建模吗？对此不同的工程师有不同的看法。通常在原始设计图中，只有桥架的走向，并没有电缆线路的走向，只给出系统图，比较复杂的项目有时给出电缆清单，所以如果建立电缆的 BIM 模型，首先要考虑电缆敷设的问题。在国内市场上很多软件已经有电缆自动敷设功能。但是软件本身也有局限性，自动敷设的目的只是为了统计长度，如果利用 BIM 软件把电缆模型绘制出来，不仅能标明敷设路径，同时电缆长度自然就统计出来了。但是因为电缆数量庞大，绘制电缆模型非常繁琐，甚至比土建系统中建立钢筋模型更复杂。再者如果不是专业的电气工程师，电缆建模的准确性及后期可执行性较差，其效果值得商榷。

图 11-8 所示，是作者建立的某地铁站项目线缆走向的模型，看上去比较简单，但是所需要的建模时间不少于其他部分建模时间的总和。

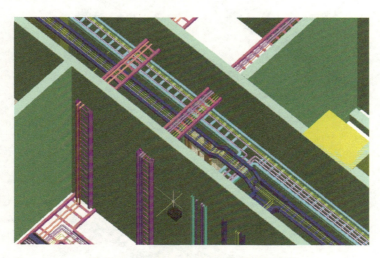

图 11-8　某地铁站线缆布置模型图局部

在该模型中，可以实时统计、查看线缆长度，如图 11-9 所示，但是考虑所耗费的建模时间，电缆建模的实用价值有待进一步探讨。

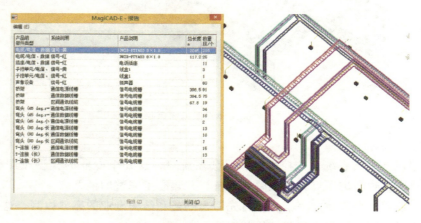

图 11-9　某地铁站电气线缆长度统计

11.3.3　制冷系统建模

地铁站的制冷系统是一个相对完整的系统，从制冷机房到末端，制冷系统建模可以从制冷机房开始，然后从分集水器至管廊再到各功能区域。

制冷机房的建模在本书第 4 章已有详细的介绍，在地铁项目中，制冷机房规模通常不大，一般包含 2~3 台制冷机组，该项目制冷机房平面图如图 11-10 所示。

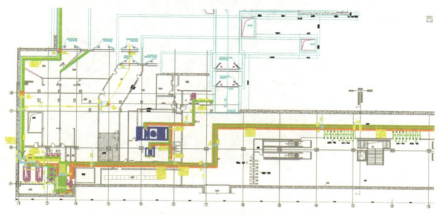

图 11-10　某地铁站制冷机房平面图

制冷机房内部的管道建模时要直接调整好，从分集水器引出的管道进入管廊区域，因为要考虑管廊区域的管线排布，可以暂定一个标高。通常管廊区域管线分层的原则是电气桥架在最上层，然后是风管、管道。相对来说制冷系统是地铁项目机电安装工程中相对简单的部分，在建模的时候直接调整好即可。该项目中制冷机房模型效果如图 11-11 所示。为便于投标及成果汇报、演示，将 BIM 软件生成的模型导入 3DMAX 软件进行了后期渲染，效果图如图 11-12 所示。

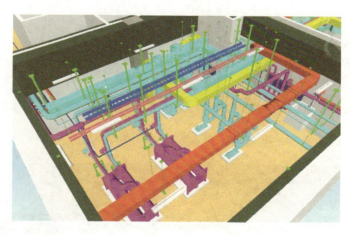

图 11-11　某地铁站制冷机房模型效果图

地铁项目的制冷系统施工中，还有一种泵站的安装施工方式是集成冷站，利用 BIM 技术按设计要求和地铁泵站的空间建立详细的模型，利用模型进行预制加工，并进行实验测试，测试通过后再进行现场安装，这种方式提高安装效率，缩短施工周期，是一种很值得推广的模式，其实质就是基于 BIM 的预制加工技术，有利于实现绿色设计、绿色施工。在武汉市的地铁项目建设中多次采用了这种方式，给投资方带来了很大的效益。

该案例水泵安装现场如图 11-13 所示，冷水机组连接处现场图如图 11-14 所示，从图中可以看出，设备、管线排布紧密有序，安装效果较好。

图 11-12　某地铁站制冷机房模型渲染后效果图

图 11-13　某地铁站水泵安装现场图

图 11-14　某地铁站冷水机组连接处现场图

对于制冷系统其他的管道，可以先按照最低标高要求绘制就可以了。

11.3.4　空调通风系统

通风系统是地铁项目中比较复杂的部分，通常包含新风、回风、排风、排烟、送风等系统，而且风管规格尺寸比较大。通风系统的建模可以由环控机房端开始。这样有利于建模时与电气桥架一起考虑排布方案。如图 11-15 所示，该项目通风系统的管路是比较密集的。

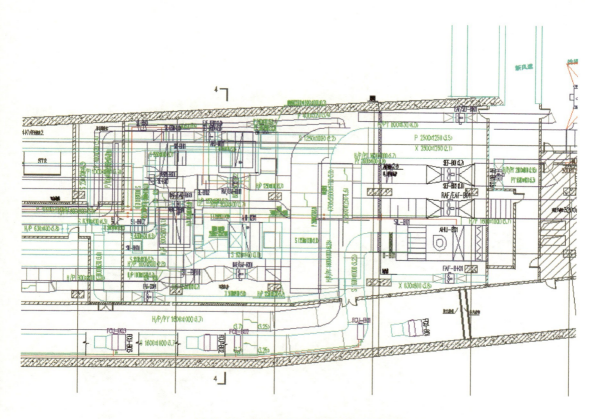

图 11-15　某地铁站通风系统综合图局部

地铁工程中通常把通风系统分为车站大系统、车站小系统和隧道通风系统。该项目的排烟系统又根据功能区域分成了四张图纸，设计院提供了划分好区域的风系统施工平面图。因此在建模时，可以根据设计院的划分方式进行建模即可，有利于防止遗漏，并且在管线综合时方便模型调整。

在该案例中，有三台柜式空调器安装在环控机房中，首先把三台空调器按照设备标的尺寸建立模型，之后按设计院划分好的各部分建模就可以了，如图 11-16 所示，该项目通风系统模型的综合效果。

当风管模型建好后就可以进行通风系统的管线综合及优化。该项目风管的密集程度很高，通过图 11-17 通风系统效果图可以看到，在环控机房区域，由于空间有限，通风、排烟管道分成了两层，造成环控机房的标高相对较低。

11.3.5　给排水系统

　　对于给排水系统，建立模型时可以先考虑主管道，主要是喷淋和消防系统。给水和排水系统因为没有大管，所以先暂定一个标高，直接建模就可以了。在地铁工程中，这部分不是难点，就不再详述了。

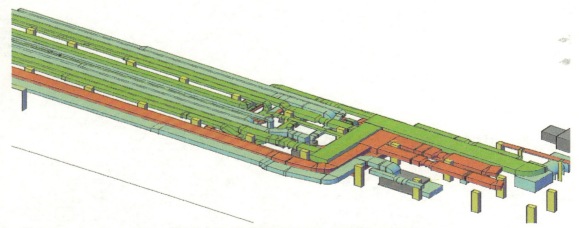

图 11-16　某地铁站通风系统模型综合效果图

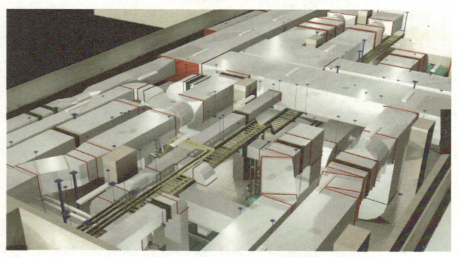

图 11-17　某地铁站通风系统效果图局部

11.4　综合调整与应用

　　所有专业系统的模型建好之后，进行管线综合。首先是进行管线分层，通常管线分层的原则是电气桥架在顶层，然后风管，其他管道在底层。在该案例中，因为风管比较密集，如果电气桥架在最顶层，后期电缆敷设非常不便。因此在管线综合的时候做了调整，按照风管贴梁底，桥架在第二层，管道在第三层的原则排定标高。按照这个原则先调整各专业系统模型，各专业系统主管道方案调整后，做系统内碰撞检测，调整细部环节。之后多专业汇总在一起再进行调整优化与碰撞检测。

各系统综合在一起调整时，要重点把握好机房、管廊这两个区域。如本书中其他章节中的案例所述，利用剖面图做管线综合是最常见的方式。图 11-18 所示为该项目站厅层剖面图，图中可以清楚地看到各专业管线在管廊及房间内的排布。

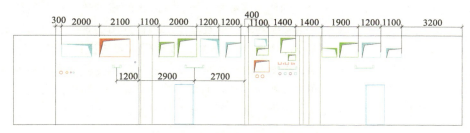

图 11-18　某地铁站站厅层剖面图

图 11-19 所示为该项目机电系统管线综合后的效果图，从该图中可以看出，地铁站机电安装工程管路、设备密集，空间利用率高的特点。

对于制冷泵房部分，其效果如图 11-20 所示。

管线综合、碰撞检测没有问题后，就可以生成用于指导施工的剖面图了，重点部位通过生成剖面图的方式表达设计细节，并可以按照施工要求随时生成不同部位、不同角度、不同系统的施工图。

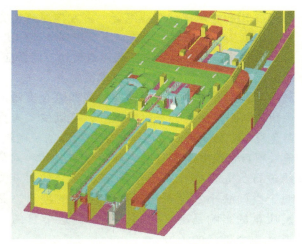

图 11-19　某地铁站机电系统管线综合效果图

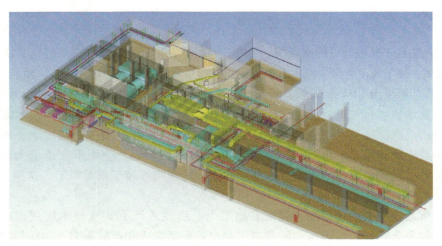

图 11-20　某地铁站制冷泵房部分效果图

11.5 应用点总结

11.5.1 管线综合及碰撞检测

设计院基于二维软件的设计手段，即使在管线排布时方案考虑的很细致，对于地铁站这样复杂的项目，在后期施工中还是难免发生碰撞问题。而且基于二维设计图的管线综合的模式，需要各专业设计部分进行多次的汇总、协调、检查才能解决，效率低，影响设计进度。利用 BIM 技术，一是软件带有自动碰撞检测功能，碰撞点的检查交给软件来完成，自动生成检测报告，大大提高工作效率。二是基于 BIM 技术的三维模型对于项目的各参与方来说，简单而直观，各专业设计部门沟通交流方便，有利于系统综合优化，更有利于施工方深入了解设计方案。

11.5.2 设计文档及施工图的生成

当通过 BIM 技术进行管线综合，多方沟通落实方案后，可以直接生成指导施工的作业图，并且图纸从同一个模型生成，不会出现传统的出图方式造成的版本不一、系统遗漏等问题。可以随时根据各方的要求，利用模型的不同截面，不同角度出图，效率极高。同时利用 BIM 的可视化，实现基于 BIM 的技术交底。

利用 BIM 进行管线综合、碰撞检测和综合支吊架排布后，可以在此基础上自动生成预埋、预留孔洞图，提供给土建施工方，可以使工人直观地了解预埋、预留孔洞的位置、尺寸，避免机电安装工程施工时砌体的二次打凿及砌筑工程的返工，保证墙体的美观。

地铁项目管线密集而复杂，利用 BIM 技术，对施工过程中占用安装资源较大的设备及管线进行优先安排，对于影响较小部分的可相对延后施工，从而获得合理的施工工序。对于空间狭小，设备、管线密度大的项目，是否能够一次安装到位对于施工周期和安装质量的影响是决定性的，要达到这个目的，基于 BIM 技术的施工工序优化和仿真模拟是一个很好的手段。

11.6 项目总结

目前我国正处于轨道建设的高峰期，利用 BIM 技术，可以提高地铁项目机电系统设计水平，提高设计效率，便于施工管理，减少系统碰撞及工程变更，从而降低项目成本。如果一个地铁线路每个站点都能够采用 BIM 技术进行设计施工，那样整个地铁线路节省的费用是相当可观的。

国内新建地铁项目的设计施工采用 BIM 技术已经非常普遍，但是 BIM 技术在各设计施工企业的应用层次深浅不一，这与相关企业对 BIM 的投入程度有关。实际上，BIM 技术的应用是不需要企业进行过多投入的，在应用 BIM 技术的初期，企业不应追求大而全，从最基本的模型开始，能够进行管线综合、碰撞检测，能够指导施工就可以了。这样，一个地铁站点投入一两位 BIM 工程师即可。

在青岛市地铁项目的建设中，有很多施工企业已经进行了 BIM 技术应用探索，从施工过程及安装效果来看，效益突出。随着应用层次的不断深入和经验积累，BIM 技术必将为地铁项目的设计与施工带来质的飞跃。

参 考 文 献

［1］ 丁烈云，龚健，陈建国. BIM 应用·施工 ［M］. 上海：同济大学出版社，2015.

［2］ AUTODESK, Inc. AUTODESK REVIT MEP 2016 管线综合设计应用 ［M］. 北京：电子工业出版社，2016.

［3］ 缪长江，王莹，王晓峥，等. 机电安装工程 ［M］. 北京：中国建筑工业出版社，2014.

［4］ 张禄. 基于 BIM 技术的地铁风水电安装碰撞检测 ［J］. 铁道建筑技术，2014（9）：93-95.

［5］ 张胜全. BIM 技术在避免管线布置冲突方面的应用研究 ［D］. 武汉：武汉理工大学，2013.

［6］ 刘卡丁，张永成，陈丽娟. 基于 BIM 技术的地铁车站管线综合安装碰撞分析研究 ［J］. 土木工程与管理学报，2015，32（1）：53-58.

［7］ 时春霞. BIM 技术在大型地下车库中的应用 ［J］. 低温建筑技术，2016（6）：137-139.

［8］ 杨秉钧，白恒宏，芦东，等. BIM 技术在大型实验办公综合楼工程中的应用 ［J］. 建筑技术，2013，44（10）：877-881.

［9］ 徐文博，赵妍研，栗峰. BIM 技术在济南 A—2 地块综合楼管线综合设计中的应用 ［J］. 绿色科技，2015（11）：238-240.

［10］ 刘应周. BIM 在某公建项目机电安装工程中的应用研究 ［D］. 天津：天津大学，2013.

［11］ 陈祥祥. 面向建筑管道工厂化施工的深化设计与辅助施工系统 ［D］. 北京：清华大学，2014.

［12］ 王希鹏. 三维仿真技术在建筑给排水管道工程中的应用研究 ［D］. 青岛：青岛理工大学，2013.

［13］ 李雄华. BIM 技术在给水排水工程设计中的应用研究 ［D］. 广州：华南理工大学，2009.

［14］ 卢晓岩，韩冰. 建筑工程多专业管线三维综合排布施工新技术 ［J］. 建筑技术，2008，39（6）：467-469.

［15］ 何关培. BIM 和 BIM 相关软件 ［J］. 土木建筑工程信息技术，2010，2（4）：110-116.